水下湿法激光增材再制造技术

蔡志海　杜娴　柳建　王海斗　等著

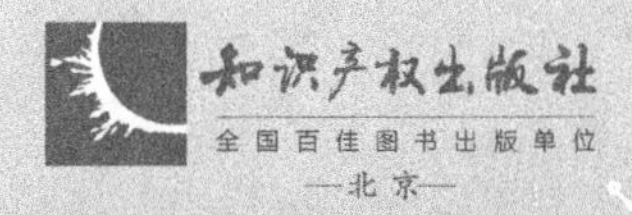

图书在版编目（CIP）数据

水下湿法激光增材再制造技术/蔡志海等著. —北京：知识产权出版社，2022.7
ISBN 978-7-5130-8009-5

Ⅰ.①水… Ⅱ.①蔡… Ⅲ.①激光材料-激光光学加工技术-研究 Ⅳ.①TN24
中国版本图书馆 CIP 数据核字（2021）第 272794 号

内容提要

本书从探索水下湿法激光焊接的可行性入手，研究水下激光焊接修复过程中的工艺与冶金作用机理，明确了激光-水-金属之间的相互作用机制，分析了水下湿法焊接焊缝的成形行为和组织性能，揭示了水下湿法激光焊接机理。全书共 8 章，主要包括：45 钢、TC4 钛合金、铝青铜、921A 钢等不同材料的水下湿法激光焊接工艺与性能、水下湿法激光焊接辅助剂设计及机理研究、水下湿法激光焊接模拟仿真等。

本书可供与水下工程有关的海洋、核电、船舶、桥梁、港口等专业的学生、工程技术人员、研究人员参考。

责任编辑：彭喜英　　　　**责任印制**：孙婷婷

水下湿法激光增材再制造技术

SHUIXIA SHIFA JIGUANG ZENGCAI ZAIZHIZAO JISHU

蔡志海　杜娴　柳建　王海斗　等著

出版发行：知识产权出版社有限责任公司　**网　　址**：http://www.ipph.cn
电　　话：010-82004826　　http://www.laichushu.com
社　　址：北京市海淀区气象路 50 号院　**邮　　编**：100081
责编电话：010-82000860 转 8539　**责编邮箱**：laichushu@cnipr.com
发行电话：010-82000860 转 8101　**发行传真**：010-82000893
印　　刷：北京中献拓方科技发展有限公司　**经　　销**：新华书店、各大网上书店及相关专业书店
开　　本：720mm×1000mm　1/16　**印　　张**：13.5
版　　次：2022 年 7 月第 1 版　**印　　次**：2022 年 7 月第 1 次印刷
字　　数：200 千字　**定　　价**：68.00 元

ISBN 978-7-5130-8009-5

前　言

水下湿法激光增材维修技术是一种新型水下在线再制造技术，能够直接在水下特殊环境中通过激光增材的方式将材料逐层累加，以修复船体缺陷或形状复杂的关键零部件，未来可满足远洋舰船及深海空间站等深远海大型平台对快速维修及应急保障的需求。与其他水下维修技术相比，水下激光增材再制造技术拥有系统易于集成、控制精度高、热输入较低、残余应力水平低等优点，使激光焊接技术成为水下应急抢修最具有发展前景的方法。特别是水下湿法激光焊接，由于其工艺简单、适应能力强而备受瞩目。然而，目前水下湿法激光焊接技术尚处于研究探索阶段，水下湿法焊接过程中的工艺及材料设计缺乏理论指导，在水下湿法焊接中，激光与水、激光与金属、水与金属之间的相互作用机制研究少之又少；本书采用模拟仿真与试验研究相结合的方式，针对水下环境中存在散热快、模拟仿真难度大等问题，探索水下激光焊接修复过程中的冶金作用机理，分析激光-熔池-热影响区-母材的热场、流场、力场交互作用机制，开展水下湿法激光增材再制造可行性探索，为装备水下关键零部件高性能应急抢修提供理论指导与技术支撑。

全书以 45 钢、TC4 钛合金及 QAl9-4 铝青铜等不同材料水下激光焊接的工艺、性能和激光-水-金属之间的相互作用机制等问题为主线，并模拟海水环境探索了在高压、高盐环境下 921A 钢水下湿法激光填丝焊接成形工艺，对水下湿法激光增材再制造技术进行了探索，全书分为 8 章。第 1 章主要叙述了水下湿法焊接技术的特点、应用和研究进展及激光辅助焊接技术；第 2 章研究了 45 钢水下湿法焊接焊缝的成形行为和组织性能，探索了水下湿法激光增材再制造的可行性；第 3 章研究了 TC4 钛合金的水下湿法激光自熔焊接、送丝焊接工艺与成形行为，比较了在常压与高压不同环境下水下湿法激光焊缝成形和组织性能；第 4 章开展了铝青铜水下湿法激光焊接工艺研究，揭示焊缝气孔缺陷的形成原因；第 5 章研究了在高压、高盐环境下 921A 钢水下湿法激光填丝焊接成形工艺，探索 921A 钢水下湿法激光填丝焊接成形规律。第 6 章模拟了水下湿法激光焊接过程的温度场分布和残余应力场的分布情况，探究了激光功率对熔池中流体流动、气泡逸出行为的影响；第 7 章、第 8 章开发了适用于 TC4 钛合金、QAl9-4 铝青铜水下湿法激光焊接的焊接辅助剂，对辅助剂配方成分、涂覆厚度等进行优化，探讨了辅助剂对水下湿法焊接过程的影响规律。

本书主要由蔡志海、杜娴、柳建和王海斗负责撰写，由蔡志海、杜娴负责统稿。书中各章参与编写的人员为：第 1 章蔡志海、秦航、张平、王佳；第 2 章杜娴、秦航、刘军、郭杰、刘玉欣；第 3 章蔡志海、秦航、李静、于鹤龙、马国政；第 4 章柳建、尤家玉、乔玉林、王瑞、何东昱；第 5 章朱加雷、杜娴、王海斗、王凯、赵海朝；第 6 章秦航、胡庆贤、贾传宝、邢志国；第 7 章秦航、杜娴、孙晓峰、底月兰、周新远；第 8 章蔡志海、尤家玉、王红美、夏丹、刘明；本书由张平教授担任主审。全书特请刘军、李静、王瑞等人审阅，在此表示诚挚的谢意。

在撰写本书过程中查阅并参考了大量书籍、论文等资料，在书中已列出主要参考文献，在此对相关作者表示衷心的感谢。限于著者水平，书中难免存在疏漏之处，敬请读者批评指正。

目录

第1章 绪论

1.1 研究背景

1.1.1 海洋经济发展的现实需要

海洋蕴藏着丰富的资源，在全球粮食、资源、能源供应紧张与人口迅速增长矛盾持续加剧的今天，开发利用海洋资源，是历史发展的必然趋势。我国具有960多万平方公里的陆地面积，同时还有约300万平方公里的“蓝色国土”，实现从海洋大国到海洋强国的伟大转变，是时代赋予我们的任务，更是实现中华民族伟大复兴的必由之路。

未来，将有更多的舰艇船只游弋在祖国的海洋上，舰艇船只航行期间，螺旋桨、球鼻艏、舭龙骨、声呐转换器等水下关键设备的应急维修是维修保障工作的重难点。特别是行驶期间，这些设备很容易由于碰撞、腐蚀、老化等原因失效，导致舰艇船不能正常工作，安全性难以保障，甚至会造成船毁人亡。鉴于上述原因，提高舰艇船只的应急抢修能力、缩短往返维修周期，在最短的时间内实现在线维修保障，对建设海洋强国具有重要的意义。

1.1.2 核能装备维修的最佳选择

随着人类社会的发展，能源问题变得越来越突出，核能作为人类未来最具希望的能源之一，是解决能源短缺问题的理想手段。据相关部门统计，目前核电站提供了全球大约17%的能源，有9个国家的核电站提供了本国超过40%的电能，未来这一数字还会继续增加。

截至2018年2月，全球运营核反应堆达340多座，在建60多座。无论是核电站的建造还是维护，都离不开焊接。核电站设计寿命一般为30~40年，目前很大一部分核电站已经运行30年以上，对维修保养的需求非常大，其焊接的工作量几乎能够与建设安装时的工作量相当。但是核电站不同于普通电站，其反应堆系统具有非常大的辐射，核辐射对人身安全具有很大危害。研究表明，水对核辐射具有强烈的吸收作用，水能提供的防辐射作用相当于同等情况下空气的1000倍。虽然水下环境为核能装备的在线维修带来了诸多不便，但不论是从人身安全角度考虑，还是从核电站的连续运行角度考虑，反应堆中作为冷却剂的水都不能排掉，因此不排水直接进行水下操作成了核电站维修保障的最佳选择。

1.2 水下焊接方法研究现状

1917年，英国海军首次在水下环境进行了焊接试验。至今，水下焊接技术已经经过了100多年的发展，由最初的水下湿法手工电弧焊发展到现在的20多种焊接技术。按照技术特点，目前主要将水下焊接方法分为两大类：水下熔焊技术和固相连接技术，具体分类如图1.1所示。

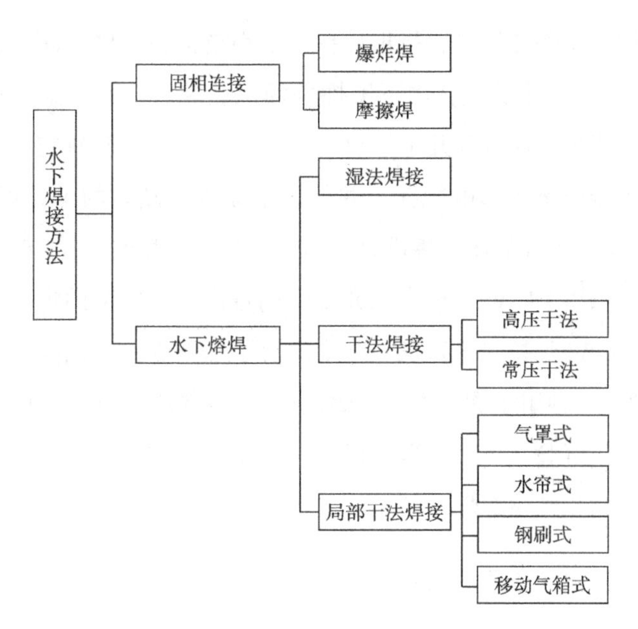

图 1.1 水下焊接方法分类

1.2.1 水下固相连接方法

固相连接方法主要包括水下爆炸焊接和水下摩擦焊接。爆炸焊接是利用炸药爆炸的能量，通过飞板加速碰撞基板，结合焊接两层或者多层异种金属的技术。爆炸焊接的最大优势在于大尺寸、异种金属材料的焊接[1-2]，目前已经成功实现了铝板与 ZrO_2 陶瓷、不锈钢与金属玻璃、铜板与钨板等的焊接[3]。20 世纪 70 年代后期，英国水下管道工程公司采用水下爆炸焊接技术成功开发了一套管道修补系统，后来相关试验研究验证了工具合金钢和铜箔水下爆炸焊接的可行性，实现了 $Zr_{60}Ti_{17}Cu_{12}Ni_{11}$ 与 1060Al 的焊接[4-5]。

水下摩擦焊接是一种基于摩擦热和界面压力耦合作用的固相连接方法，在水下焊接过程中既不涉及电弧特性，也不会引起材料熔化和凝固，焊接接头质量对水环境（尤其是水深增加带来的压力）不敏感，因此相对于水下熔焊技术来说，水下摩擦焊接更适合于在深海环境下进行在线维修。1990 年，英国焊接研究所（TWI）提出了针对水下修复的等静压摩擦柱塞及叠焊技术，指出其在水下钢结构物维修方面具有极大潜力。高辉等[6] 设计了一套水下摩擦叠焊试验装置，并对氩气保护、塞棒转速、塞棒进给速度等几个重要工艺参数进行了试验研究，获得了工艺参数对焊接质量的影响规律，并得到了无焊接缺陷的单元填充焊缝。崔雷等[7] 研制了等静压摩擦圆柱塞（FHPP）及圆锥塞（FTPW）焊接试验样机，采用 FTPW 工艺在水介质中制备出了无缺陷的焊接接头，揭示了水下 FTPW 焊接冶金特征，基本解决了水下焊接工艺问题。周灿丰等[8] 研制了一种用于深水结构物维修的摩擦叠焊设备，进行了平板焊接和管道焊接试验，焊接过程平稳，焊接质量可靠，实现了深水大厚度结构物的自动化摩擦叠焊。

1.2.2 水下熔焊方法

根据焊接时所处的环境，通常将水下熔焊技术分为三类，即湿法焊接、干法焊接和局部干法焊接。湿法焊接是发展最早也是应用最广的一种水下在线维修方法，具有设备简单，操作方便的优点，但是焊接质量难以保证，一般只应用于对焊接质量要求不高的场合。干法焊接是通过一定的技术手段营造一个干燥的空间进行焊接，这种方法焊接质量较好，可达到陆上空气焊接的质量，但是通常设备昂贵，维修周期长，设备适用范围较小。局部干法焊接是在待焊区域营造一个干燥的“点”，焊接质量介于湿法焊接和干法焊接之间。

1.2.2.1 水下湿法焊接

（1）水下湿法焊接发展的历程。水下湿法焊接是发展最早，也是目前应用最广的水下连接与维修技术。早在 1802 年，英国科学家戴维 · 汉弗莱（Davy Humphrey）就指出电弧能够在水中连续燃烧，从技术层面为水下湿法焊接提供了可能。从概念提出到工程应用，水下湿法焊接经历了漫长的过程。1917 年，英国海军采用水下湿法手工电弧焊技术解决了轮船水下部分铆钉漏水问题，这是有文献可查的水下湿法焊接技术在实际工程方面的首次应用[9-10]。1932 年，赫列诺夫（Khrenov）研发了一种适用于水下湿法焊接的专用焊条，与普通焊条不同之处在于，水下焊条的外表面涂有防水层，能够较好地隔绝水对焊条的影响，在一定程度上改善湿法焊接时电弧的稳定性及药皮的耐水性。第二次世界大战期间，湿法焊接技术在打捞沉船等方面占有重要的地位。20 世纪 60 年代后期，随着海洋石油和天然气的开发，越来越多的海洋工程结构需要进行水下焊接修理，这给水下焊接技术的发展提供了很好的契机。1971 年，亨伯尔石油公司（Humble）对墨西哥湾石油钻井平台进行了水下焊接维修。1987 年，在核电站不锈钢管道的维修中首次采用了水下湿法焊接技术。

早期的水下湿法焊接主要采用手工电弧焊接，焊条在湿法焊接中起到了非常重要的作用。湿法焊接发展至今，各国的研究者在焊条的研究上付出了巨大的努力，开发了一系列适用于不同场合的水下湿法焊条。应用较多的有英国的 Hydroweld FSTM 焊条[11]，美国的 7018'S 焊条，乌克兰巴顿焊接研究所研制的 EPS-AN1 型焊条，德国 Hanover 大学开发的双层自保护药芯焊条[12]，华南理工大学开发的 T203 焊条，美国俄亥俄州立大学开发的“黑美人”焊条、中船重工研发的 TSH-1、TS202、TS202A、TS203 及 TS208 等焊条[13-14]。

海洋工程的大规模建设对水下焊接也提出了更高的要求。降低成本、提高效率、实现自动化成为研究的方向。但是，传统的手工焊条电弧焊接无法满足这个需求。手工焊条电弧焊接主要有以下两个方面的局限性：一是手工焊条电弧焊接需要焊工潜水作业，从理论上来说，人类的饱和潜水深度为 500~750m，但是在深水时，潜水员将面临高压神经综合征的风险，挪威政府将大于 180m 的潜水作业定义为特别危险工作。二是手工焊焊条长度有限，在焊接时需要频繁更换焊条，而每更换一次焊条就需要熄弧、重新引弧，不仅焊接效率低，而且会造成焊缝不连续，容易在焊缝的结合处产生缺陷。

水下药芯焊丝的出现和发展适应了湿法焊接向高效率、低成本、自动化、智能化方向发展的趋势，20 世纪 70 年代，乌克兰巴顿研究所开展了水下药芯焊丝的研究。同传统的手工焊条电弧焊接相比，药芯焊丝电弧焊接具有许多优点：

①药芯成分可根据实际需要进行调整，焊接材料更加灵活，适应范围更广；

②结合自动送丝系统，可以减少焊接接头数量，实现连续焊接，提高焊接效率；

③焊接过程不需要潜水焊工的干预，能在深海环境中作业；

④焊接过程中不需要频繁更换焊条，易于实现机械化、自动化。

到目前为止，水下湿法焊接应用最多的还是手工焊条电弧焊接和药芯焊丝电弧焊接。水下湿法焊接设备简单、成本低廉、操作灵活、适应性强，在一些非关键结构件的安装与维修中得到了一定的应用。但水下湿法焊接受环境、水压的影响较大，电弧处于亚稳定状态，焊缝中容易出现气孔和裂纹等缺陷，焊接质量相对较差。目前大多应用在<100m 的水下环境中。

（2）水下湿法焊接的特点。在进行水下湿法焊接时，焊接工件和焊接过程直接暴露在水环境中，焊条焊丝、工件直接与水接触，其焊接过程与在陆上空气中焊接相比要复杂得多。图 1.2 为水下湿法焊接电弧燃烧示意图[15]。与陆上空气中的焊接相比，水下湿法焊接具有以下 4 个特点。

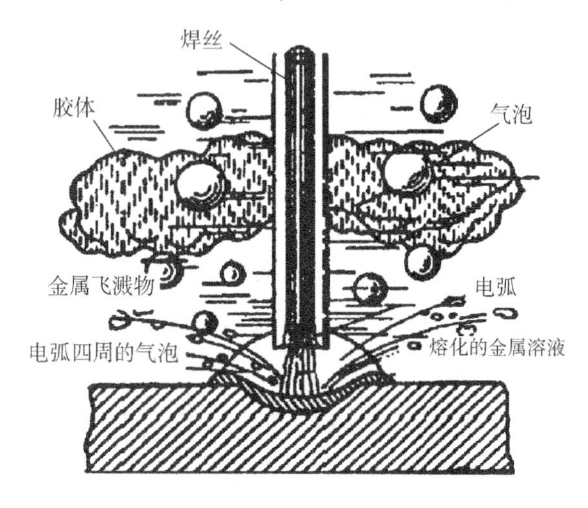

图 1.2　水下湿法焊接电弧燃烧示意图

①焊接能见度差。在实际应用中，无论是在淡水环境中还是在海水环境中进行焊接，可见度差对焊接带来不利影响（图1.3）。这是由于水对光具有吸收、反射、折射作用，光在水中传播时衰减大；并且焊接时会产生大量气泡，并会造成焊接部位周围水体扰动，很难观察到焊接部位的状态；此外水中的泥沙、微生物等也会给焊接时的观察带来不利影响[16]。因此，在水下焊接时，焊工对焊接熔池的观察不清晰，基本处于盲焊状态，影响了焊接的顺利进行。

图1.3 水下湿法焊接现场实例

②焊缝含氢量高。进行水下湿法焊接时，焊条、工件直接与水环境接触，周围的水会在电弧的高温作用下分解为氢和氧，导致熔池中氢含量增加。研究表明，进行水下湿法电弧焊接时，焊缝金属中氢含量高达20~70mL/100g，焊缝中氢的存在对焊接质量十分不利，会导致氢脆、白点、氢气孔和冷裂纹等[17-20]。

③熔池冷却速度快。表1.1为不同条件下的对流换热系数[21]。水的对流换热系数（热传导系数）远远高于空气，因此在进行水下焊接时，

熔池冷却速度非常快，容易导致焊缝产生高硬度的淬硬组织，对焊缝的性能十分不利。同时过快的冷却速度，不利于溶解在熔池中的氢逸出，导致焊缝中扩散氢含量较高，易在焊缝中产生气泡[22]。

表 1.1 不同条件下的对流换热系数

条件	对流换热系数 α_c/[W/(m^2·s)]
空气自然对流	5
气体强制对流	20~100
水的自然对流	200~1 000
水的强制对流	1 000~15 000
水的沸腾	2 500~25 000

④水深压力影响大。随着水深的增加，焊接环境的压力也相应增加。压力的增加会导致熔池自然对流增强，焊缝深宽比降低[23]。同时，对电弧焊接而言，随着压力的增加，起弧更加困难，电弧更加不稳定，容易熄弧，从而影响焊接质量[24]。

（3）改善水下湿法焊接质量的措施。水下湿法焊接是指在焊接过程中不采用任何措施排水，焊接区（包括焊条焊丝、母材等）在整个焊接过程中直接与水接触。水下湿法电弧焊接的原理已经被研究得比较完善。在水下湿法焊接过程中，焊接材料（焊条或药芯焊丝）与工件接触，通过电阻热的方式进行热传递。在加热阶段，焊接材料中添加的焊剂被熔化，周围的水被电离或者汽化，在焊接区域形成气泡，这种气泡被称为电弧气泡。电弧气泡为水下湿法焊接提供了必要的屏蔽气氛，电弧气泡产生之后会周期性地长大、上升、破裂。在电弧焊接阶段，电弧在气泡内点燃，工件与焊接材料被熔化形成熔池，并在水的急冷作用下快速凝固，形成焊接接头。

虽然湿法焊接具有简单易行、成本低廉等优点，但电弧周围水的存在会产生一系列不利影响。随着水深压力的增加，电弧燃烧更加不稳定[25-26]，急速冷却会导致焊缝组织恶化[27-28]，水的汽化会导致更多的气孔[29]。

早期的研究主要集中在添加适当的元素改善熔池特性和采用特殊方法改善焊接性能两个方面。如罗韦（Rowe）等[30] 研究了向金红石型焊条中添加 Mn、Ti、B 和稀土元素对焊缝气孔率的影响，指出焊渣的碱度会影响氢元素向熔池的转移，进而影响气孔率。研究结果表明，通过向焊条中添加合金元素，能在一定程度上缓解水深增加带来的不利影响。郭宁等[31] 研究了 Ni 含量对水下湿法焊接焊缝组织和性能的影响，指出通过添加一定含量的 Ni 能够抑制焊缝中先共析铁素体的含量，并能显著改善接头的力学性能。桑托斯（Santos）等[32] 研发了一种氧化金红石型水下焊条，通过在焊条中添加 Ni 和 Mo，达到了减少气孔、抑制裂纹的目的。氧化型焊条在焊接时可以形成氧化型氛围，减少焊缝中的氢致裂纹，当 Fe_2O_3 质量分数为 53%时，焊缝中扩散氢含量降到最低值，但 Mn、Si 等亲氧型合金元素易在焊接时发生氧化，导致焊缝力学性能降低[33-34]。

费德里奇（Fydrych）等[35] 采用回火焊道焊接（TBW）技术改善水下湿法焊接高强钢焊接性能，指出采用 TBW 技术可以有效降低热影响区的显微硬度。张（Zhang）等[36] 研究了一种新型的实时感应加热辅助水下湿法焊接工艺，试验结果表明，感应加热能够降低焊缝冷却速度，从而改善焊缝组织和性能，但会降低电弧的稳定性。

上述研究从冶金工艺角度出发，在一定程度上改善了水下焊接接头的质量。随着水下湿法研究的深入，科研工作者对水下焊接时的相互作用机制进行了实时监控和研究。潘（Pan）等[37-39] 利用光谱分析方法对水下湿法焊接时产生的等离子体进行了研究，指出在一定条件下，等离子体处于局部热力学平衡状态，并研究了水下电弧的温度和等离子体的成分。郭（Guo）等[40] 通过 X 射线法在熔滴过渡的基础上研究了电弧电压对水下湿法药芯焊丝电弧焊（FCAW）稳定性的影响，指出在适当的电压下增大电弧气泡的尺寸，能够得到良好的保护效果。徐（Xu）等[41] 采用 X 射线透射法对水下湿法焊接熔池的动态行为进行现场研究，提出了一种跟踪某一点的位置来表征熔池稳定性的方法，指出水下焊接熔池剧烈波动是气泡演化造成的，特别是大气泡的破裂，同时超声能够有效减小熔池内气泡的尺寸，从而减小熔池波动。

1.2.2.2 干法水下焊接

干法水下焊接是指使用装置或者采用技术手段将焊接区域附近的水排开，焊工、焊件均处于干燥环境中的焊接方法。干法水下焊接多用于深水环境对焊接质量要求很高的结构件，和需要预热或者焊后热处理的情况。干法水下焊接可分为水下高压干法焊接和水下常压干法焊接，二者的区别在于气室压力的大小，前者气室中的压力大于周围环境的压力，后者的压力与大气压相同。

（1）水下高压干法焊接。需要建造压力舱，压力舱底部开口，通过在压力舱中通入高压气体将水从底部开口处排出，从而保持电弧和接头处于干燥环境中。1954 年，美国提出了水下高压干法焊接的概念，并于 1966 年正式应用在海底管道维修工作中，之后德国、英国、挪威、巴西、波兰等国家开展了水下高压干法焊接的研究，代表性研究成果见表 1.2。目前水下高压干法焊接的最大适用水深约为 300m。

表 1.2 各国开发的水下高压焊接装置

国家	机构	型号	焊接方式	最大压力/ MPa	备注
英国[42-44]	克兰菲尔德大学（Cranfield）	Hyperweld 250	GMAW	25.0	能在无人情况下对深水管道和支架进行条状焊缝的修补，并能保证深水管道热渣连接的密封性能
巴西	巴西国家石油公司研究中心（CENPES）	—	TIG GMAW SMAW	5.0	用于研究保护气体、焊接方法以及母材性质对焊接电弧及熔池成形的影响
挪威	科学和工业研究基金会（SINTEF）	Simweld	TIG GMAW	3.5	小型卧式圆柱形焊接试验舱
		—	TIG GMAW	10.0	液压快开式焊接试验舱

续表

国家	机构	型号	焊接方式	最大压力/MPa	备注
波兰	格但斯克大学（Gdansk）	—	—	2.0	采用快开销钉式缩紧装置，不但可以进行水下高压干法焊接，还可以模拟水深200m以内的水下湿法焊接试验
德国[45-46]	尤里希研究中心（GKSS）	GUSI	FCAW	20.0	迄今最大、最复杂的综合性水下焊接研究设施
中国	北京石油化工学院	—	GTAW	1.5	可进行水下高压干式全位置焊接
	哈尔滨焊接研究所	HSC-1	GMAW	1.6	

注：GMAW表示熔化极气体保护焊；TIG表示钨极惰性气体焊接；SMAW表示焊条保护焊；FCAW表示药芯焊丝电弧焊；GTAW表示钨极气体保护焊。

高压干法焊接是目前水下焊接质量最好的方法之一，但是高压干法焊接目前在水下焊接维修领域的应用不多，主要有以下几个原因：一是高压干法焊接一般需要根据被焊结构定制专门的压力舱，配套设施多、造价昂贵且安装困难，施工难度大、周期长；二是海洋工程结构尺寸、位置的多样性限制了压力舱的应用，通常只适用于海底管道等形状规则、结构简单的焊接场合；三是环境压力对焊接产生不利影响，焊接电弧的稳定性、熔池的冶金特性都会受到环境压力的影响。

（2）水下常压干法焊接。在进行水下高压干法焊接时，随着水深的增加，高压舱内的气压不断增加，当压力足够大时，将出现引弧困难，电弧不稳定，从而影响焊接质量。而且实现水下高压干法焊接自动化难度较大，通常需要潜水焊工的辅助操作。当水深超过人类潜水极限时，水下高压干法焊接将无法实施。为了解决深水中无法进行高压干法焊接的问题，科研工作者开发了水下常压干法焊接技术。

水下常压干法焊接技术是指即使在深水环境中，压力舱内仍然保持101.3kPa的压力，焊工仍然像在陆上大气中进行焊接一样。这种方法完全排除了焊接环境介质特性变化和环境压力变化对焊接的影响，因此是目前水下焊接质量最好的方法。2012年，美国电话数据系统公司（TDS）研制了一种水下常压干法焊接装置，此装置可在水深600m处对直径900mm的管道进行焊接[47]。我国还未见此技术应用实例。

在建造水下常压干法焊接装置时，除需要湿度调节、监控、照明、安全保障、通信联络等系统外，还必须考虑焊工的生命安全，因此水下常压干法焊接设备比水下高压干法焊接设备更昂贵，焊接辅助人员更多，所以只适合在预算和施工期宽裕的情况下，焊接极重要的结构。

1.2.2.3 局部干法水下焊接

局部干法水下焊接是通过一定的技术手段在局部区域营造干燥的“点”进行焊接的方法。局部干法水下焊接是一种介于湿法焊接和干法焊接之间的技术，兼有湿法焊接和干法焊接的优点。与湿法焊接相比，由于局部干法焊接在局部干燥的环境中进行，基本消除了焊接过程中水的不利影响，焊接质量得到改善；与干法焊接相比，局部干法焊接排水装置简单，无须建造大型压力舱，节约高效，适应性更强。局部干法被认为是一种比较有前途的水下焊接方法，得到了广泛的研究[48]。

近几十年来，局部干法焊接越来越受到国内外的关注，已开发了多种局部干法水下焊接形式，其中已经在生产中应用的焊接方法有气罩式、水帘式和可移动气室式水下焊接法。滨崎（Hamasaki）等[49]在1976年就提出使用水帘来营造局部干燥的空间，他们后来还使用钢刷来改善局部干燥空间的保护效果。付（Fu）等[50]设计了一种局部干法水下激光焊接装置，此装置可对焊接的正反两面进行保护，并研究了热输入和离焦量对TC4钛合金焊接接头性能的影响。华南理工大学[51]在拉瓦尔管设计的基础上，根据收缩喷嘴原理设计了一种小型的排水罩，焊枪通过螺纹孔固定在排水罩中部，形成水平切向进气口，在底部形成圆形旋转气幕，确保焊接部位与外部水环境隔离。这种排水罩体积小，排水压力可调节，工艺适应性好，焊接效率高，适合水下机器人焊接。

总体而言，局部干法水下焊接降低了水对焊缝的有害影响，能够改善焊接接头质量，具有较好的适用性和灵活性。但局部干法营造的干燥环境较小，周围水环境对焊缝的冷却作用依然很强，焊缝中仍然会出现淬硬组织[52]。

1.3 激光在水下焊接中的应用

大功率激光器的出现为焊接提供了一种新型的热源。与其他焊接技术相比，激光焊接具有功率密度高、焊接速度快、熔深大、变形小、便于实现自动化等优点，受到了广泛的关注。经过不断发展及改进，激光焊接技术已经开发出很多不同的工艺方法，主要有激光自熔焊接、激光填丝焊接、激光-电弧复合焊接、多光束激光焊接、激光摆动焊接、激光钎焊、超声辅助激光焊接等。对于水下焊接来说，激光光束可以通过光纤长距离传输至待焊部位，不需要潜水焊工的介入，易于控制实现自动化和适应精确位置的焊接。

1983年第一次出现了激光在水下焊接领域应用的报道[53]。20世纪90年代，香农（Shannon）等[54-55]对CO_2激光器水下湿法焊接进行了试验，指出水下激光焊接时会形成一个局部“干燥”区域。日本东芝公司针对核电站应力腐蚀裂纹开发的一种水下局部干法激光焊接装置，该装置使用保护气体在工作区域营造局部干燥的空间，使激光熔覆焊接可以在干燥的环境中进行[56-58]。

国内水下激光焊接的研究较早的有清华大学张旭东团队、哈尔滨工业大学冯吉才团队。张旭东团队在文献中指出，在激光照射下，当材料表面水深超过3mm时，会立即形成一种水蒸气等离子体，这种等离子体对激光有强烈的屏蔽作用[59]，此后又设计了一种水帘式局部干法激光焊接头，其原理是当水从喷嘴中以一定的角度和速度喷射出时会形成一个“水帘”，与此同时，与激光同轴的保护气体将水帘内部的水排出，从而形成一个局部干燥的空间。利用此装置，研究了水流速度、角度、气体速度等因素对局部干燥空间稳定性的影响[60]。

冯吉才团队使用光纤激光器进行了水下湿法焊接，得到了相似的结论，即当水超过一定深度时（在此试验条件下，水深为7mm），会对激光产生强烈的屏蔽作用，导致焊接无法继续。他们的研究表明，形成稳定的“激光通道”是水下湿法激光焊接的关键。试验结果表明，当水深小于3mm时，水对焊接的影响很小，据此认为在局部干法焊接时，只要工件表面的水足够少，可以获得较好的焊接质量[61]。黄（Huang）等[62]研究了水下局部干法激光焊接304薄板不锈钢的变形行为和机理，研究了激光焊接工艺参数对焊缝弯曲变形的影响。冯（Feng）等[63-66]研究了激光-水-金属之间的相互作用，以镍铝青铜为研究对象，设计了保护性覆层，该覆层具有造气作用，在激光照射下分解产生CO_2，从而在水环境下营造了一个局部干燥的空间，使激光沉积质量得到了明显改善。Luo等[67]建立了任意环境压力下水下激光焊接过程的模型，研究发现水下焊接时匙孔动力学行为与在大气中相似，为更好地理解水下激光焊接的传热传质提供了参考。

目前国内外对水下激光焊接的研究主要集中在局部干法上，对湿法激光焊接的研究还停留在可行性探索及工艺参数对焊接质量的影响上。在湿法焊接中，激光与水、激光与金属、水与金属之间的相互作用机制的研究少之又少。水下湿法激光焊接技术尚不完善，水下湿法激光焊接过程中的工艺及材料设计缺乏理论指导。

1.4 激光辅助焊接研究进展

1.4.1 激光活性焊接

激光活性焊接是在焊接前在工件表面涂覆一层活性剂，以达到增加熔深、改善成形的目的。活性焊接的概念最早是在20世纪60年代由乌克兰巴顿焊接研究所在进行钛合金钨极氩弧焊（TIG）时提出的[68]，主要目的是解决TIG熔深浅、熔宽大、焊接效率低的问题[69-70]，因此也被称为活性钨极氩弧焊（A-TIG）。最初的活性剂主要为卤化物，到70年代，部分氧化物和氟化物也被用作活性剂，同时开始应用在不锈钢的焊接中。到了90年代，活性焊接在钢铁的焊接中得到了广泛的应用。

国际上，研究活性焊接的机构主要有乌克兰巴顿焊接研究所、美国爱迪生焊接研究所、英国焊接研究所和日本大阪大学研究所等。国内直到20世纪90年代才开始对活性焊接的研究。国内开展活性焊接的科研院所主要有兰州理工大学、洛阳船舶研究所、哈尔滨工业大学、大连理工大学、天津大学、西安航空材料研究院、航天部625所等。A-TIG增加焊缝熔深的机理目前学界尚有争论，主流是两种：一是电弧收缩理论[71-75]，二是表面张力梯度改变理论[76-79]。

马（Ma）等[80]对常用的氧化物、卤化物、碳酸盐等活性剂进行了比较，发现氧化物增加熔深的效果最明显，而后优化设计了一种用于铁素体不锈钢激光焊接的活性剂，熔深增加了2.23倍。梅丽芳等[81]研究了Cr_2O_3、SiO_2两种活性剂对激光焊接304不锈钢的影响，涂覆活性剂后，焊缝熔深增加，熔宽略有减小，并且能够改善接头的延展性。考尔（Kaul）等[82]研究了CO_2激光焊接中添加SiO_2活性剂对等离子体羽辉及焊缝成形的影响，结果表明，使用活性剂后，等离子体羽辉体积变小，强度下降，焊缝窄而深。活性剂仅在热导焊时能够增加熔深，并指出涂覆活性剂后增加了激光的吸收率，同时可能发生了放热反应[83]。与A-TIG类似，活性激光焊接的机理主要有三个方面[84-85]：一是改变了熔池表面张力梯度，形成了向熔池中心的流动；二是减弱了光致等离子体的密度，降低了激光在等离子体中传播时的损耗；三是降低了焊件表面的反射率，增强了激光的利用率。

1.4.2 激光-自蔓延焊接

自蔓延高温合成（SHS），也被称为燃烧合成（CS），是指利用自蔓延反应的自加热和自传导作用来合成材料的一种技术。自蔓延反应是指通过一定的手段引燃反应物后，化学反应会自动向尚未反应的区域“蔓延”，直至反应完全[86]。

SHS具有设备简单、操作容易、产物纯度高、反应快、周期短等优点，但同时也存在产物孔隙率高的问题，因此通常需要在燃烧过程中施加压力，如热压烧结工艺、热等静压烧结工艺、放电离子烧结工艺等。SHS技术最初被用来合成各种材料，如陶瓷，经过长时间的发展，目前已经在很多领域得到了应用，如自蔓延粉末制备[87-89]、自蔓延焊接[90-91]、自蔓延熔铸[92]、自蔓延烧结[93]、自蔓延局部加热连接工艺[94]。

随着科技的进步，学科交叉、技术融合成为了新的研究趋势。激光作为一种性能优异的热源，具有能量集中、加热速度快的特点，非常适合用来提供自蔓延反应的起始能量，因此出现了激光和自蔓延复合的研究[95]。周健等[96]进行了激光诱导自蔓延Al-Ti-C中间层焊接碳纤维复合材料与铝的试验，并对中间层的自蔓延反应机理进行了分析讨论。结果表明，激光照射使中间层温度升高，当达到933K左右时，中间层的自蔓延反应开始进行，此时通过施加压力使中间层两侧母材受热熔化从而形成良好的连接。李刚等[97]对激光自蔓延烧结$Fe_{40}Al_{60}$合金进行了研究，并对激光烧结过程的温度场进行了数值模拟。江梦慈[98]提出了一种利用激光激励自蔓延扩散烧结合成了转换荧光材料的方法，制备了具有优良特性的白色荧光材料，并对包括激光自蔓延烧结微观过程在内的反应原理进行了深入研究，指出该激光自蔓延扩散烧结法，理论上适用于合成任何固-固反应产物。

目前激光与自蔓延相结合的研究主要集中在激光诱导自蔓延合成方面，关于同时使用激光和自蔓延进行“复合”焊接的报道尚未见到。

1.5 水下湿法激光焊接存在的挑战和问题

作为一种新型的水下焊接技术，激光焊接（ULBW）具有焊接速度快、热输入低、热影响区小、变形小等优点。当使用光纤激光器时，光束可以通过光纤长距离传输至待焊部位，传输过程中损耗小，且焊接过程中无需潜水焊工的介入，易于实现自动化和适应精确位置的焊接。水下激光焊接相较于其他湿法焊接技术最突出的优点在于激光的传输不受水深压力的影响，而只与传输过程中穿透的水有关，因此能够在较大的深海环境压力下进行焊接。

但水下湿法作业环境的特殊性决定了湿法激光焊接极具挑战性。水下热量散失快，极易导致材料淬硬产生裂纹；水下压力大，使熔池中的氢很难析出，导致焊缝金属中氢含量高，氢致裂纹敏感性强；水下可视化程度低，实时监测的难度加大。特别是在低能见度、高氢含量、超快冷速、高盐等多因素影响下的水下湿法激光焊接具有巨大的挑战性。

（1）超快散热带来的气孔、裂纹、淬硬组织、残余应力等问题。水下湿法激光焊接时，熔池处于水介质的包围中，水对焊接区域急冷效果明显，熔池的散热速度非常快，容易产生淬硬组织。同时由于熔池凝固速度快，在焊接过程中由于匙孔塌陷而卷入熔池中的气体来不及逸出，以气孔的形式存在焊缝中，严重降低焊缝的力学性能。与空气中焊接相比，水下湿法焊接焊缝金属中的扩散氢含量更高，容易导致氢气孔从而萌生氢致裂纹。

（2）深海高压使熔池行为、熔滴过渡、气泡逸出等机制不同于空气中焊接。深海环境压力巨大，其熔池的行为及形态发生了巨大的改变，其机理研究具有极大的难度，其熔池形态的调控具有极大的挑战性。在水下高压环境下熔滴将面临超快散热及熔融金属流动性降低等问题，其过渡情况与空气环境相去甚远。环境压力的存在还会给焊接过程中的熔滴过渡、熔池中的气泡逸出带来不利影响。

（3）高电离介质带来的熔池污染问题。在水下进行湿法焊接时，熔池直接暴露在周围的水环境中，水在激光作用下发生分解，产生氢和氧。而富氢环境会带来大量的气孔和冷裂纹等缺陷，降低结构的使用寿命及抗疲劳性能；富氧环境会导致 Mn、Si 等活泼元素氧化，以非金属氧化物的形式残留在焊缝中形成夹杂，降低焊缝力学性能。同时水中的盐分、镁、钙等会侵入熔池，对熔池造成污染。

（4）光致等离子体带来的成形稳定性差、功率损耗大、监控难度大等问题。水下湿法激光焊接时，焊接区域的水分在激光和熔池的加热作用下，汽化蒸发形成水蒸气，水蒸气通过逆韧致吸收激光能量形成等离子体。这种光致等离子体对激光有强烈的衰减作用，会对传播的激光产生吸收、折射、散射甚至屏蔽。光致等离子体的产生导致焊接稳定性差、激光功率损耗大，严重影响水下湿法激光焊接的质量。

1.6 研究内容

激光焊接是一种重要的激光加工技术。在 20 世纪 70 年代，主要用于薄壁材料焊接和低速焊接，其焊接过程属于热传导型。由于其独特的优点，在微小型零件的精密焊接中得到了广泛应用。高功率激光器的出现开辟了以匙孔效应为基础的深熔焊接。激光焊接技术在机械加工、汽车制造等领域获得了日益广泛的应用。时至今日，人们对空气中的激光焊接已经有了深刻的认识，然而，在水下直接进行激光焊接的研究却很少。由于水环境的存在，水下激光焊接过程将比在空气中进行的焊接更加复杂，涉及激光-水-金属之间复杂的物理、化学过程。水下激光焊接具有能量密度大、远距离传输损失小、便于实现自动化等优点，为水下实时在线维修提供了很好的技术手段。本研究以 TC4 钛合金、铝青铜、921A 钢等金属材料为研究对象，针对水下湿法激光焊接的等离子体与熔池特性进行研究，探索水下湿法激光焊接金属的工艺，重点分析焊接辅助剂对湿法焊接过程的影响。

具体研究内容如下：

（1）45钢水下湿法激光焊接工艺研究。以45钢为基体，在水下进行湿法激光自熔焊接试验，探索水下湿法焊接的可行性，在工艺优化的基础上，得到水下湿法焊接工艺参数对焊接成形性能的影响规律，并对水下湿法激光焊接的可行性进行初步探讨，探索激光-水-金属之间的互相作用机制。

（2）TC4钛合金水下湿法激光焊接工艺研究。对TC4钛合金进行水下湿法焊接，在探索自熔焊接工艺参数对成形性能的影响基础上，进行湿法送丝焊接和压力环境下焊接的研究，并对TC4钛合金水下湿法焊接焊缝的组织性能进行表征。

（3）铝青铜水下湿法激光焊接工艺研究。分别在空气环境中和水下湿法环境中对铝青铜焊接进行工艺探索试验，对比分析水环境对焊接的影响。通过对焊缝截面气孔分布情况和几种可能导致气孔的气体进行分析，判断气孔的类型和大致形成过程。

（4）921A钢水下湿法激光填丝焊接工艺研究。选用921A钢为母材，采用前送丝方式，送丝角度为45°，光丝间距为1mm，保护气流量为50L/min，在不同的焊接参数及焊接环境条件下进行湿法试验，并对焊缝表面成形和横截面的宏观形貌进行初步分析，研究焊接参数对水下激光焊接质量的影响规律。

（5）TC4钛合金水下湿法激光焊接模拟仿真。使用SYSWELD和FLUENT软件分别对熔池的温度场、残余应力场和熔池流场进行模拟仿真。通过仿真计算结果，研究熔池温度场分布和残余应力场的分布情况，研究激光功率对熔池中流体流动、气泡逸出行为的影响，为水下湿法激光焊接TC4钛合金提供理论支撑。

（6）TC4钛合金水下湿法激光焊接辅助剂设计及机理研究。针对水下湿法激光焊接焊缝及热影响区出现的裂纹、气孔等焊接缺陷，开发适用于TC4钛合金水下湿法焊接的焊接辅助剂，并对辅助剂成分、涂覆厚度等进行优化，探讨辅助剂对水下湿法激光焊接过程的影响规律，并对辅助剂保护下湿法焊接的焊缝进行表征分析。

（7）铝青铜水下湿法激光焊接辅助剂设计及机理研究。使用焊接辅助剂对铝青铜进行湿法焊接，比较焊缝成型质量，优选辅助剂成分，优化湿法焊接工艺，分析和讨论辅助剂对焊缝成型和气孔缺陷的影响，以及辅助剂对激光传输和熔池的作用。

第2章

45钢水下湿法激光焊接工艺研究

2.1 引言

水下环境的复杂性和特殊性决定了水下湿法激光焊接极具挑战性。水下散热快，易引起裂纹、气孔、淬硬组织、残余应力等缺陷；水下压力大，导致熔池行为、熔滴过渡、气泡逸出与湮灭等机制不同于在空气中的激光焊接；水与激光作用机制复杂，导致成形稳定性差、功率损耗大，这些挑战限制了水下湿法激光焊接技术的应用。

水下湿法激光焊接的研究鲜有报道。目前学术界对水下湿法激光焊接的共识是当焊接件表面水深较浅时（2mm 左右），水的存在对激光焊接的影响不大，但当焊接件表面水深达到一定深度后，在焊接过程中会形成一种光致等离子体，对激光产生强烈的屏蔽作用，从而导致焊接无法继续进行，是否有必要完全将水排除以形成稳定的局部干腔存在争议，因此开展水下湿法激光焊接的研究，可为激光在水下焊接中的应用提供理论基础和技术指导。本部分将以 45 钢为研究对象，探索水下湿法激光焊接的可行性，并对其焊缝成形行为及性能进行研究。

2.2　水下湿法激光焊接试验系统

为保证试验顺利进行，构建了水下湿法激光焊接试验系统，如图2.1所示。该系统由激光器、焊接平台、水下环境模拟装置等几部分组成。其中激光器为IPG光纤激光器，激光波长为1070nm，最大输出功率为6kW，激光经芯径为200μm的光纤传输至激光焊接头，经准直聚焦后得到直径为0.36mm的光斑。焊接平台是由开元公司设计的龙门式机器人。水下环境模拟装置主要由自制水槽、高度可调节样品台等组成。

图2.1　水下湿法激光焊接试验系统

当进行水下湿法激光焊接时，首先在水槽中放入一定的水，然后将焊接试样直接置于水槽中的样品台上，通过调节样品台高度控制焊接试样表面的水深，在焊接过程中不使用保护气体，也不采用任何其他手段来排除焊接区域的水，激光焊接过程直接在水环境中进行。

水下应急抢修往往需要在深水下进行焊接，比如舰船吃水深度一般在10m左右，此时的水下湿法焊接过程与在常压下的湿法焊接过程不同，为研究压力环境下湿法激光焊接的过程和机理，水下高压湿法激光焊接试验舱如图2.2所示。

图2.2　水下高压湿法激光焊接试验舱

水下高压湿法激光焊接装置关键是实现激光焊接的光纤系统、气路系统、水路系统、运动控制线路系统的整体穿舱。穿舱密封模块由瑞典MCT布拉特伯格（MCT Brattberg）公司根据实际穿舱需求专门设计定制，穿舱模块实物照片如图2.3所示，模块整体密闭效果好，耐压阻燃能力强，可以保证整套系统穿隔密封的完整性和可靠性。激光经芯径为400μm的光纤传输至激光焊接头，光斑直径为0.8mm。

图2.3　穿舱模块

考虑到水下激光焊接过程中的运动控制及研究过程中多信号采集需要，在高压舱内搭建了4轴联动水下激光焊接平台，实现了激光焊接头在高压舱内的自由移动，满足水下被焊工件的快速准确定位和实时焊接维修需求，增强了焊接工艺适应性和维修的灵活性。平台的控制系统采用欧姆龙 NY5300 IPC 数控系统，并整合 NC 功能和 PLC 功能同步进行，提高了运动平台的速度及调节精度，提升了复杂维修路径的修复效率和修复精度。舱内水下激光焊接平台照片如图2.4所示。

图2.4 舱内水下激光焊接平台

2.3 试验材料与方法

试验材料选用45钢，板材尺寸为85mm×65mm×10mm，材料的化学成分见表2.1。图2.5是45钢基体组织，45钢主要由珠光体和铁素体两相组成，并且沿着加工方向呈带状分层分布，晶粒较细小。焊接试验前先将待焊区域用砂纸或者砂轮打磨，去除板材表面的污染物，然后用酒精冲洗干净。焊接过程中为防止板材受热变形，需要在试验前用自制的工装夹具夹持。为了减小焊接后残余应力对工件形状的影响，试验结束后需要等待一段时间再卸载工件。

表 2.1　45 钢化学成分　单位：%

元素	C	Cr	Mn	Si	Ni	P、S	Fe
含量	0.42~0.50	≤0.25	0.50~0.80	0.17~0.37	≤0.25	≤0.035	余量

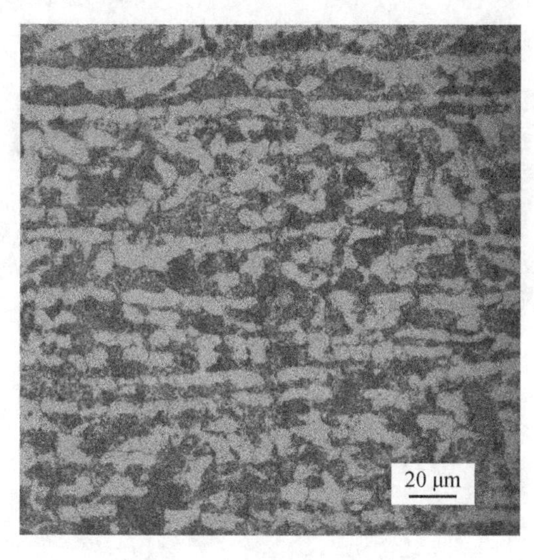

图 2.5　45 钢基体组织

将待焊接试样直接置于水下样品台上，然后调节试样表面的水深，为探索水下湿法焊接的可行性，在 45 钢表面进行了自熔焊接试验，表面水深从 0mm 开始，直至湿法激光焊接无法继续进行为止。在可行性探索的基础上，研究了水下湿法激光焊接的工艺参数（包括激光功率、焊接速度、离焦量、水深等）对焊接成形性的影响规律。

2.4　水下湿法激光焊接可行性

为了验证水下湿法激光焊接的可行性，控制激光功率为 3kW 在不同水深下进行了水下湿法激光焊接试验，焊缝宏观形貌如图 2.6 所示。

从图中可以看到，当水深较小（1~2mm）时，焊缝熔宽较大，焊缝表面较平整、周围氧化严重；随着水深的增加，焊缝熔宽减小，焊缝表面出现起伏；当水深继续增加至 7mm 以上时，已经不能得到连续的焊缝。

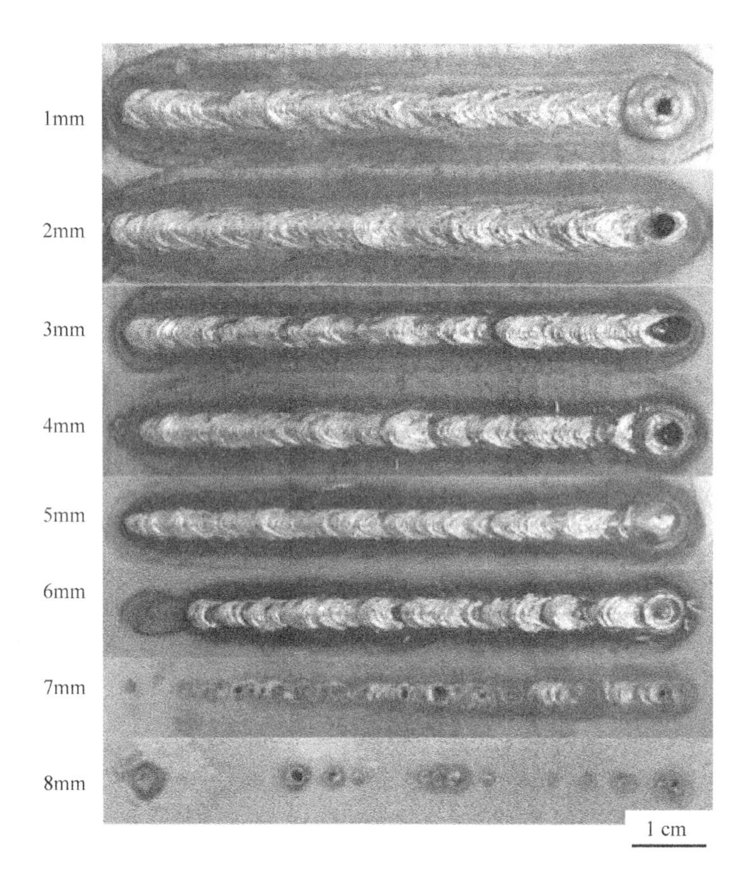

$P=3\text{kW}$，$v=5\text{mm/s}$，$d=0\text{mm}$

图 2.6　不同水深下焊缝宏观形貌

图 2.7 是在不同水深下进行湿法激光焊接时观察到的现象，当水深较小时，在水面上方有明亮的金属羽辉，并伴随金属液滴飞溅；当水深增加到 8mm 以上时，水面上方的金属羽辉消失，在水面下可以观察到不稳定的等离子体。

图 2.8 是 8mm 水下焊接时周期性出现的等离子体，对比图 2.6 可以发现，每当等离子体突破水的束缚扩散到空气中时，激光就能够透过等离子体与基体表面发生热交换，有时会形成一个焊接匙孔，但并不规律。

$P=3\text{kW}$，$v=5\text{mm/s}$，$d=0\text{mm}$

图 2.7　不同水深下的湿法激光焊接

（a）3mm 水下焊接；（b）8mm 水下焊接

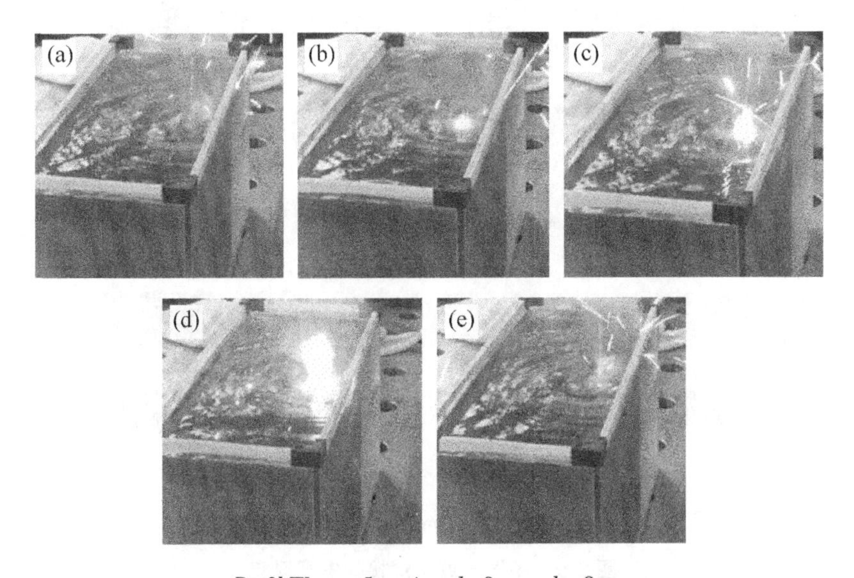

$P=3\text{kW}$，$v=5\text{mm/s}$，$d=0\text{mm}$，$h=8\text{mm}$

图 2.8　水下焊接时周期性出现的等离子体

实现结果表明，水下湿法激光焊接的水深存在阈值。当水深小于阈值时，焊接能够正常进行；当水深大于阈值时，焊接无法继续。当激光功率为 3kW 时，此阈值为 7mm。当水深大于 7mm 时，穿过水到达金属表面的激光能量已不足以形成匙孔，激光深熔焊无法进行。实际水下作业时，待焊接构件表面水的深度往往大于 7mm，此时水下湿法激光焊接将无法进行。为解决此问题，在不采用其他手段排水的情况下，考虑增大激光功率以提升焊接阈值。

图 2.9 是使用 6kW 功率在不同水深下焊接的宏观形貌。随着水深的增加，焊接质量变差直至无法继续进行。当水深 10mm 时，焊缝出现小范围的波动；水深继续增加，焊缝出现不连续；当水深达到 15mm 时，焊缝已无法成形，只有激光烧灼的痕迹；当水深达到 16mm 时，激光能量已不足以在焊接表面形成连续的烧灼痕迹。试验结果表明，虽然激光功率从 3kW 增加到 6kW，增加了一倍，但是焊接阈值并没有随着功率的增加而成比例增加，单纯依靠增大激光功率来增加焊接阈值效果并不明显。

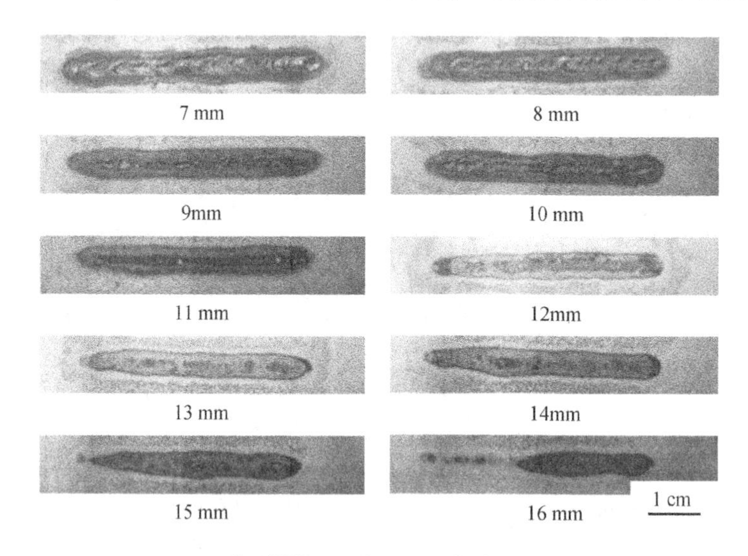

$P=6\text{kW}$，$v=5\text{mm/s}$，$d=0\text{mm}$

图 2.9　不同水深下焊接的宏观形貌

文献［63］中给出了激光传输效率与水深的函数：

$$T(z)=e^{-az} \tag{2.1}$$

式中，$T(z)$ 为激光在水深为 z 处的传输效率；a 为水对激光的吸收系数，对波长 1.06μm 的激光而言，$a=0.014\text{mm}^{-1}$；z 为激光在水中的传输距离，由此得到波长为 1.06μm 的激光在水中的传输效率曲线（图 2.10）。从图中可以看到，随着水深增加，激光传输效率逐渐降低。根据此公式，当水深 8mm 时，激光传输效率约为 89.4%，对于试验中使用的激光功率 3kW 和光斑直径 0.36mm 而言，在深为 8mm 的水下激光功率密度仍可达 2.64×10^6W/cm^2，完全满足激光深熔焊接所需的能量密度。因此，水下湿法激光焊接在超过一定水深时的失效行为不能简单归结为水对激光的吸收作用。

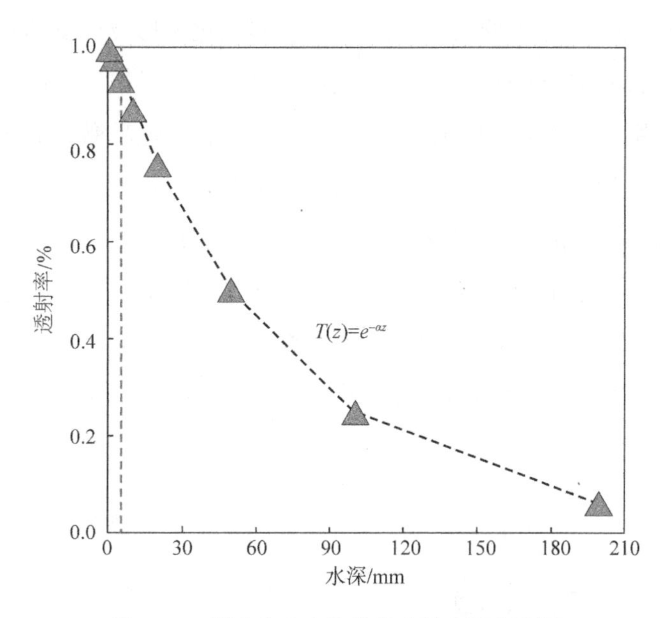

图 2.10　激光在水中传输效率随水深变化图

事实上，激光与水的相互作用非常复杂，除水对激光的吸收作用外，在水与空气的界面上会发生折射和反射、水分子和水中的悬浮粒子会对激光产生散射造成光束扩展、水中的湍流会造成光场的起伏。但对本试验中的水下湿法激光焊接而言，激光在较浅的水中传播（仅几毫米），水对激光的传输产生了一定的衰减，但不是决定性原因。

2.5　水下湿法激光焊接机理分析

按照焊接过程中是否产生匙孔（Keyhole），激光焊接可分为热导焊和深熔焊两种。当激光功率密度较低时，金属吸收的光能转换成热能后，以热传导的形式从金属表面向内部传递。激光热导焊时，材料表面被加热至熔点与沸点之间，随着热输入和热传导，液-固界面从材料表面逐渐向内部迁移，最终实现材料的焊接。激光热导焊，仅材料表层被加热至熔化，大部分能量被材料表面反射，激光利用率低，焊缝熔深小；当激光功率密度达到 $10^6 W/cm^2$ 以上时，金属被迅速加热熔化，材料表面在很短的时间内被加热至沸点，金属汽化，形成金属蒸气或等离子体。当金属蒸气或等离子体从熔池中喷出时，会对熔池中的熔融金属产生反作用力，使熔池表面凹陷，直至形成小孔，这种激光焊接过程被称为激光深熔焊，深熔焊过程中形成的小孔被称为匙孔。

进行激光深熔焊时，激光能量通过两种方式被材料所吸收，即菲涅尔反射吸收和逆韧致辐射吸收，其机理如图 2.11 所示[99]，菲涅尔反射吸收是激光在匙孔内通过不断反射被材料所吸收，逆韧致辐射吸收是等离子体吸收激光后温度升高，能量通过等离子体传递给材料。

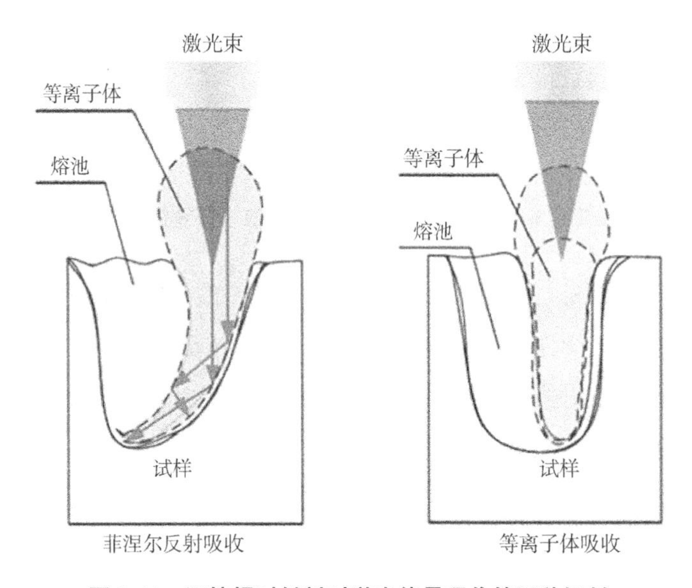

图 2.11　深熔焊时材料对激光能量吸收的两种机制

(a) 菲涅尔反射吸收机制；(b) 逆韧致辐射吸收机制

金属蒸气或等离子体在焊接过程中对激光能量的吸收有两面性。

一方面，在焊接初始阶段，金属蒸气或等离子体的反作用力是匙孔形成的根本原因，匙孔内的金属蒸气或等离子体作为热源对熔池金属起到了加热作用，有利于深熔焊的进行。另一方面，当激光功率密度达到一定程度时，金属表面上的金属蒸气或等离子体在激光作用下产生光致等离子体，对激光产生吸收、散射和折射，不但会降低达到工件表面的激光功率，还会降低激光光束质量，严重时甚至会对激光造成屏蔽。

图2.12是在较浅水深下（1~3mm）进行焊接时的焊接过程示意图。高能量密度的激光照射到材料表面，金属吸收激光能量温度迅速升高，在此过程中金属周围的水首先被加热至沸点汽化，形成气泡并将熔池周围的水排开，如图2.12（a）所示。此时的熔池及其附近可认为是无水的，焊接过程与在空气中焊接区别不大。而后，在激光进一步作用下，金属汽化蒸发，并形成匙孔，金属蒸气从匙孔中喷射而出，如图2.12（b）所示。在高温金属蒸气及熔池附近金属将热量传递给周围的水，使水蒸发汽化，在熔池区域形成了金属蒸气和水蒸气的混合物，如图2.12（c）所示。这种混合蒸气稳定存在，为激光的传输开辟了通道，激光能量大部分被金属材料所吸收，焊接稳定进行，熔池后部在水的急速冷却作用下迅速凝固形成焊缝，如图2.12（d）所示。由此可见，当金属表面水深较浅时，湿法焊接熔池形成-凝固过程与在空气中焊接的差别仅在于湿法焊接时熔池凝固冷却速度更快。

图2.13是水下6mm焊接过程示意图。与在2mm水下焊接时类似，激光照射到金属材料表面后，周围的水蒸发形成气泡，但此时由于水深增加，气泡不足以直接将熔池周围的水排开，如图2.13（a）所示。气泡的存在使激光传输过程中穿透的水深减小，有利于增大金属表面的功率密度。随着匙孔的形成，金属蒸气从材料内部喷射而出，与水蒸气混合在一起，气泡继续增大。若气泡内部压力足够大，就会冲破周围水的束缚形成一个局部干燥的点；若气泡内部压力不够大，气泡内的气体将继续吸收激光能量，温度升高。当温度达到一定程度时，部分气体开始

发生电离，形成等离子体。等离子体对激光具有强烈的吸收作用，进一步加大了金属材料和周围环境中水的蒸发汽化，直至气泡内压力足够大时，金属蒸气、水蒸气、等离子体的混合物从水中逸出，周围的水在重力作用下重新覆盖到熔池上方，如图 2. 13（c）、（d）所示。因此在水下 4~6mm 焊接时，气泡周期性地产生、破裂，从而保证了焊接的进行。

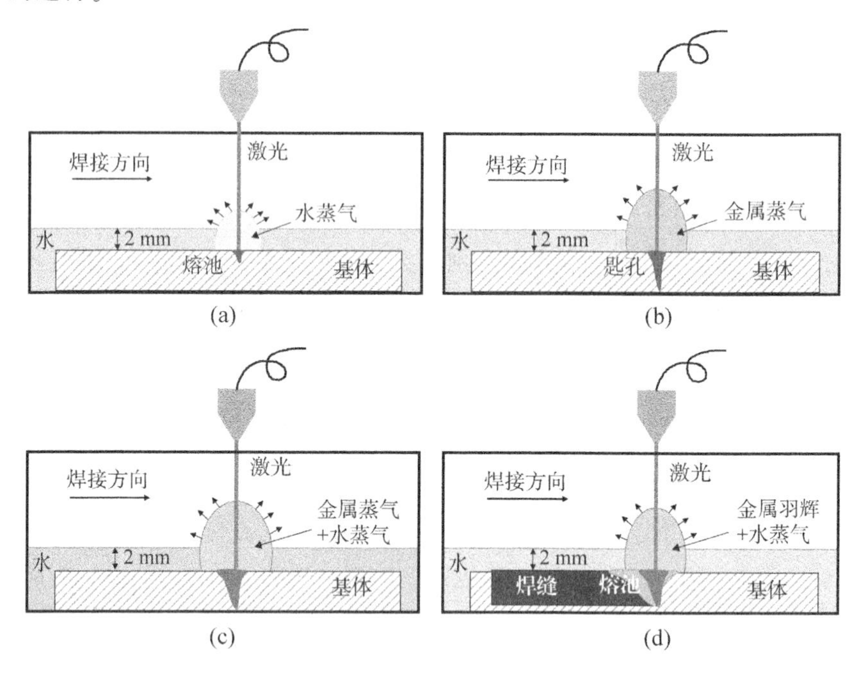

图 2. 12　水下 2mm 焊接过程示意图

（a）~（c）焊接初始阶段；（d）稳定焊接阶段

图 2. 14 是水下 10mm 激光焊接示意图。当水深超过 7mm 后，水对激光产生了强烈的屏蔽作用，其焊接过程与水较浅时截然不同。激光穿过水辐射至金属表面后，基体在激光作用下迅速升温，但是此时的激光能量不足以达到材料的熔点，因此不能形成熔池。基体周围的水受基体热传导的影响，吸收了大量的热量，并发生了汽化，形成了仅由水蒸气组成的气泡，如图 2. 14（a）所示。随着温度继续升高，水蒸气发生电

离，生成 H^+ 和 OH^-，而 OH^- 极易发生电离生成等离子体。等离子体进一步吸收激光能量，当等离子体密度达到一定程度时，激光无法在其中传播，即等离子体对激光产生了屏蔽作用，到达基体表面的激光能量继续减少，甚至完全无法穿透等离子体，此时焊接将无法继续进行，如图 2.14（b）所示。

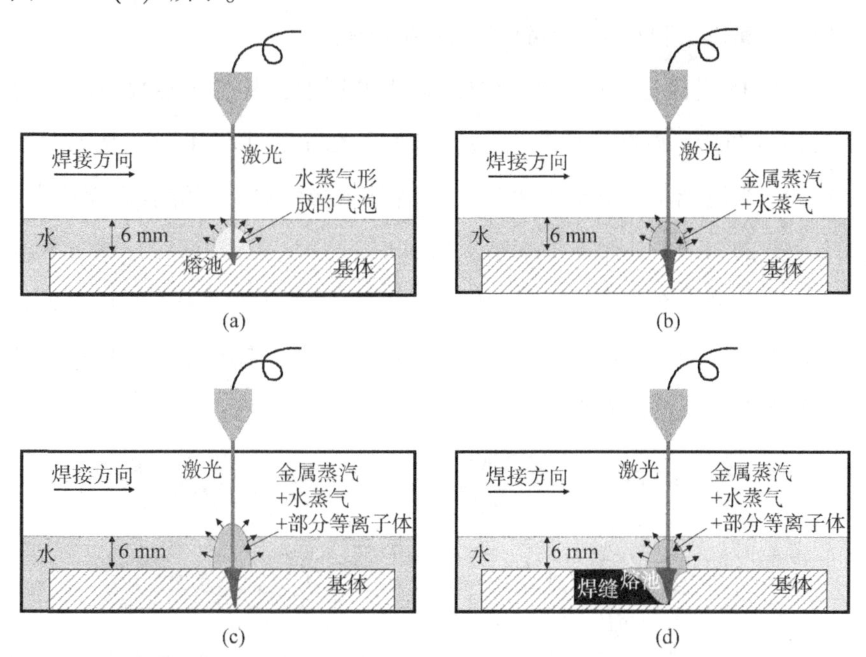

图 2.13　水下 6mm 焊接过程示意图

（a）～（c）焊接初始阶段；（d）稳定焊接阶段

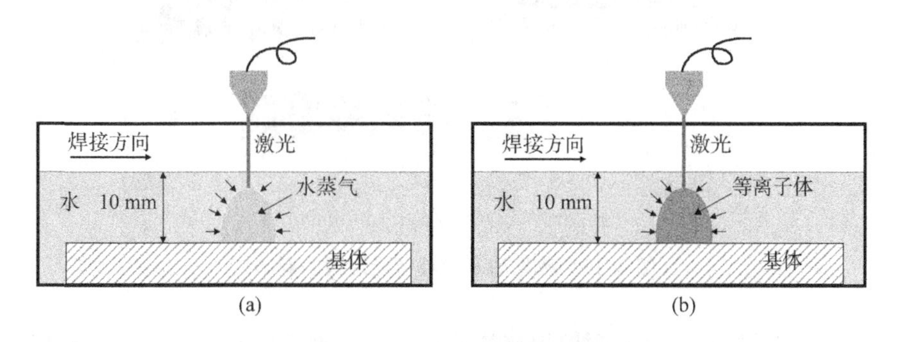

图 2.14　水下 10mm 焊接过程示意图

（a）焊接初始阶段；（b）稳定焊接阶段

2.6 水下湿法激光焊接焊缝成形行为

水下湿法激光焊接的影响因素很多，除了激光功率、焊接速度、离焦量等影响因素外，还必须考虑水深对焊接的影响，本部分主要研究激光功率、离焦量和水深对焊缝成形性的影响。

图 2.15 是激光功率对焊缝成形行为的影响，其工艺参数为激光功率 2.0~6.0kW，焊接速度 5mm/s，离焦量-2mm，水深 4mm。从图中可以看到，当激光功率小于 4.0kW 时，焊接成形性差，焊缝表面起伏大，且有明显的缺陷，如激光功率小于 2.0kW 时，焊接无法进行，焊缝不连续；当功率增大至 4.5kW 时，焊缝表面起伏得到改善，未见明显焊接缺陷；功率继续增加，焊接成形性进一步改善；当功率达到 6.0kW 时，焊缝连续美观，焊接成形性最好。

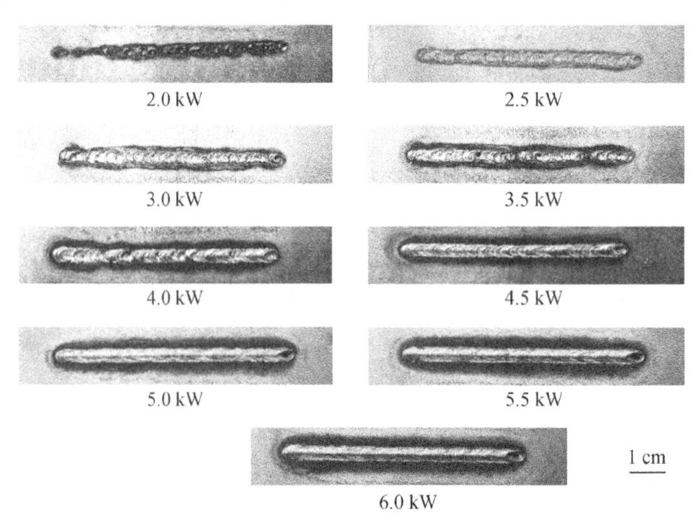

v=5mm/s，d=-2mm，h=4mm

图 2.15　激光功率对焊缝成形性的影响

稳定的匙孔是激光深熔焊接的前提，由于匙孔的存在，激光束可以照射到金属内部，增加了材料对激光能量的吸收，促使匙孔周围的金属熔化形成熔池[100]。当激光功率在 4.0kW 以下时，辐照到金属表面的能量不足以形成匙孔或维持匙孔的稳定存在，因此焊接质量较差。随着激光功率的增大，匙孔稳定存在，材料吸收的激光能量更多，熔池冷却变缓，有利于形成均匀美观的焊缝。

图 2.16 是离焦量对焊缝成形性的影响，从图中可以看到，当离焦量为正时，即激光焦点在基体表面上方时，焊缝成形欠佳；随着焦点位置的下降，焊缝成形变好。对不同离焦量下焊缝的熔深、熔宽进行了测量，如 $P=3.0$kW，$v=5$mm/s，$h=4$mm。

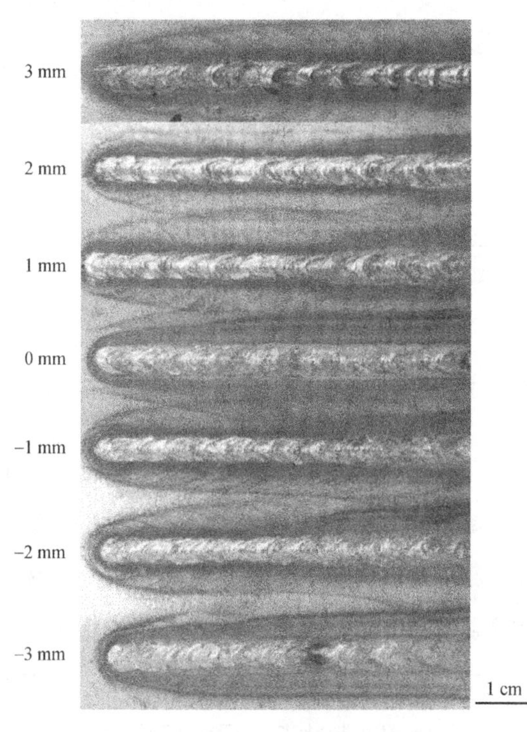

$P=3.0$kW，$v=5$mm/s，$h=4$mm

图 2.16　离焦量对焊缝成形性的影响

从图 2.17 中可以看到，熔深、熔宽大体上以离焦量 0mm 为中心轴呈对称分布，呈现出随着离焦量的增大先增加后减少的趋势，在离焦量为−2mm 时熔深达到最大值，并具有最大的深宽比，这与熔池的形成过程有关。当负离焦时，材料内部的功率比表面还高，更容易熔化、汽化，同时深熔焊时形成的匙孔具有“侧壁聚焦效应”，使进入匙孔的光束一部分被侧壁吸收，另一部分被反射至匙孔底部重新聚焦，因此匙孔深度不断增大，但每反射和聚焦一次，能量就衰减一部分，直至能量衰减到一定数值，匙孔深度不再增大，最终获得深而窄的焊缝。

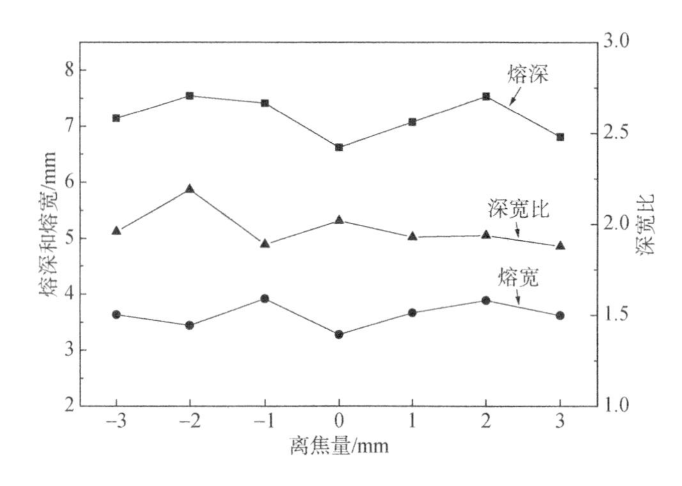

$P=3kW$，$v=5mm/s$，$h=4mm$

图 2.17　不同离焦量下焊缝的熔深、熔宽及深宽比

图 2.18 是水深对焊缝成形性的影响，焊接方向从左至右焊接时形成了匙孔，匙孔被熔池金属包围，熔化金属在重力和表面张力的作用下，有利于匙孔弥合。图中焊缝尾部的小孔就是因为基体冷却较快，熔融金属回填不及时形成的。可以看到，随着水深的增加，焊缝热影响区变小，焊缝变窄，焊接成形性变差。同时可以看到，焊缝处都有一定的余高，这主要是因为基体为轧制状态，而焊接后的组织为铸态，因此焊缝的密度小于基体的，导致凝固后存在一定的余高。

图 2.19 是不同水深下水下焊接焊缝横截面形貌，随着水深的增加，焊缝横截面形貌由粗大的“U”形向“V”形转变，表现为焊缝宽度减小，底部逐渐变为尖锐的“V”形。一方面是在水下湿法激光焊接过程中，焊件表面水的存在对激光产生了屏蔽作用，降低了工件吸收的激光

能量；另一方面水下激光焊接时，散热方式以工件与水之间的热传导为主，而水的热导率是空气的几十倍，因此散热速度变快，阻碍了气体的逸出，导致脆性增大和应力积累，在焊缝中可以看到明显的裂纹和气孔缺陷。

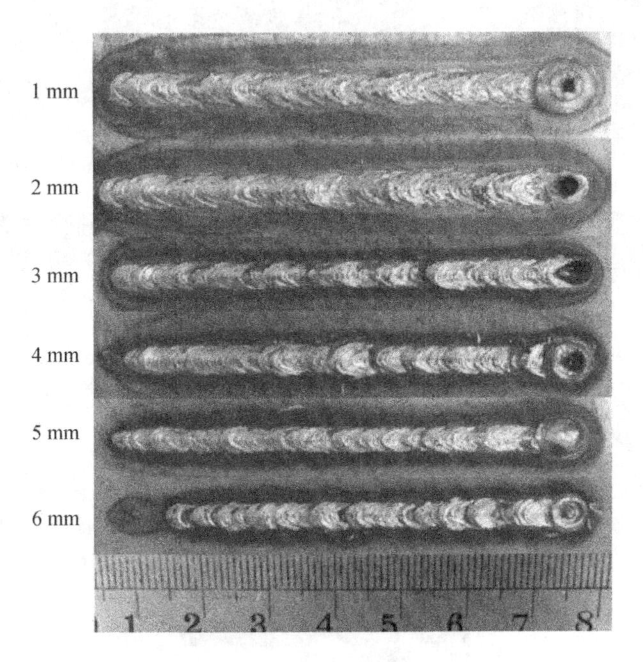

$P=3kW$，$v=5mm/s$，$d=-2mm$

图 2.18 水深对焊缝成形性的影响

图 2.20 是不同水深下激光焊接焊缝熔深、熔宽及深宽比，从图中可以看到，当水深小于 3mm 时，熔深、熔宽变化不大，总体趋势是熔宽随着水深的增加逐渐减小，而熔深随水深增加先增加后减小；当水深 2mm 时，焊缝有最大熔深，达到 8.2mm；当水深 1mm 时，激光初始点火后，工件被迅速加热，由于热传导，热影响区等温线位于光束前方，有效地蒸发了工件表面的水，此时的焊接与在空气中进行焊接差别不大；当水深 2~4mm 时，熔深增加而熔宽略有减少，这主要是水在激光及受热基体的作用下，汽化分解成 H 和 O，而焊缝中 O 元素的含量增大有利于获得较大熔深。

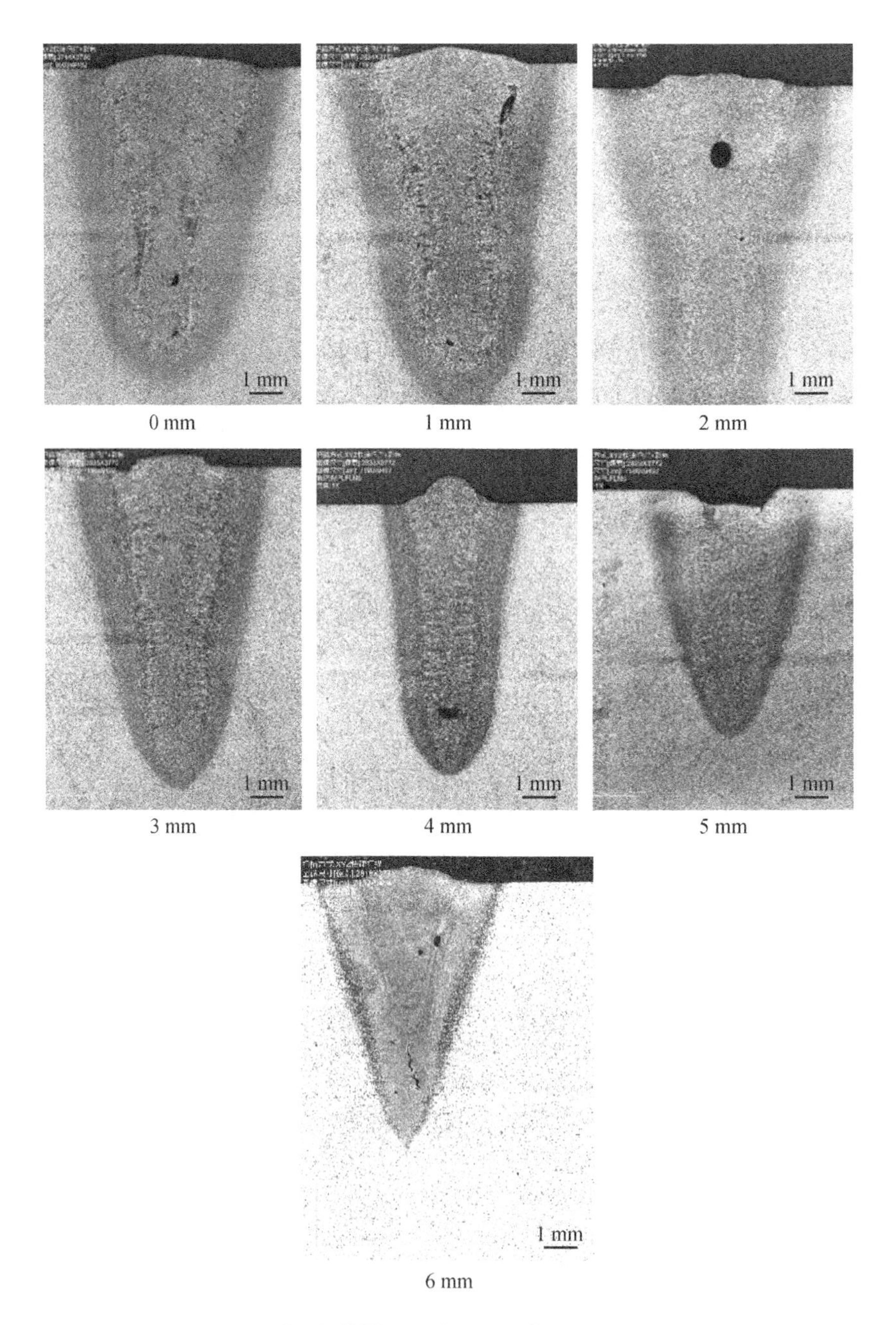

$P=3.0$kW，$v=5$mm/s，$d=-2$mm

图 2.19　不同水深水下焊接焊缝横截面形貌

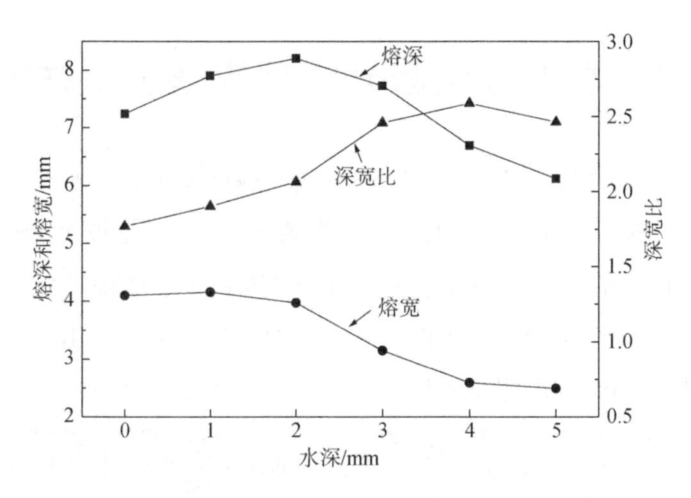

$P=3.0$kW，$v=5$mm/s，$d=-2$mm

图 2.20　不同水深下激光焊接焊缝熔深、熔宽及深宽比

当熔池金属中 O 的含量增加到一定程度时，熔池的表面张力系数由负变正，熔融金属在熔池中的流动方向也随之变为由熔池外缘向中间流动，如图 2.21（a）所示，当熔融金属流在熔池中心上部相遇后，两股涡流合并为一股并向下流动，如图 2.21（b）所示。这种向下流动的涡流不仅能够对熔池底部造成冲击，而且有利于能量向熔池底部传递，促进熔池底部的熔化，从而增加焊缝熔深[101-102]。

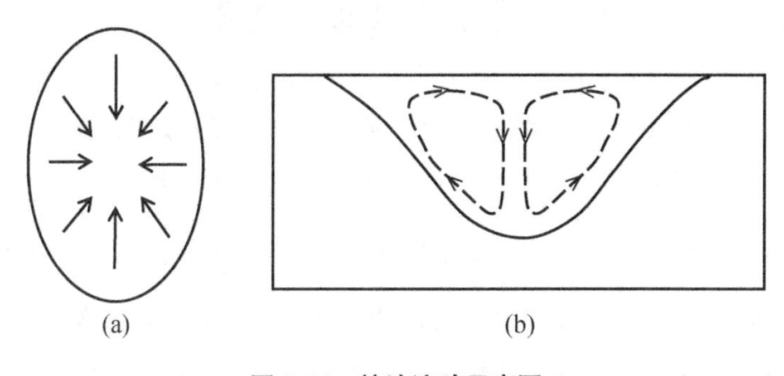

图 2.21　熔池流动示意图

（a）俯视图；（b）截面图

2.7 水下湿法激光焊接焊缝组织性能

图 2.22 是空气中焊接与水下焊接的热影响区金相照片对比，从图中可以看出，两种不同环境下焊接焊缝的热影响区区域差别很大，水下焊接的热影响区明显小于空气中焊接的。45 钢基体呈现典型的热轧状态组织特征，即珠光体和铁素体加工方向呈带状分层分布。热影响区组织在焊接热循环的作用下转变为网状铁素体+珠光体，如图 2.22（c）所示。

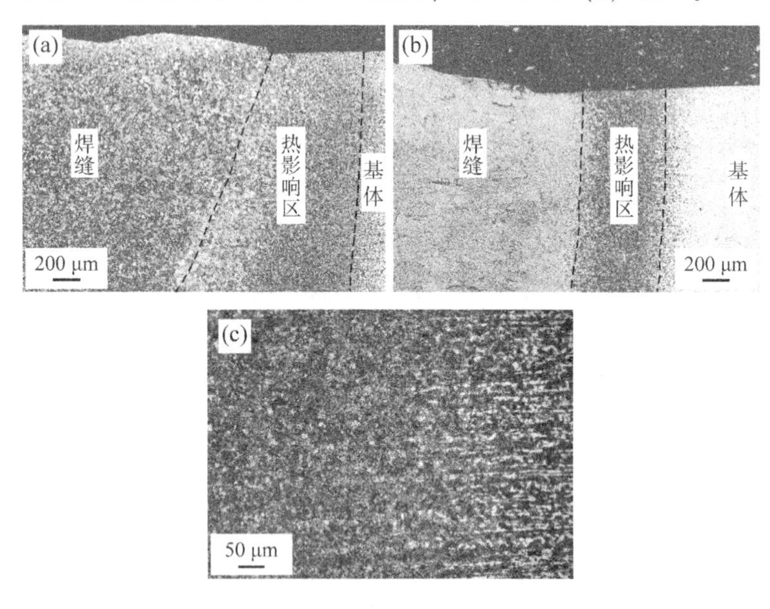

$P=3.0\text{kW}$，$v=5\text{mm/s}$，$d=-2\text{mm}$

图 2.22 空气中焊接与水下焊接的热影响区金相照片对比

（a）空气中焊接；（b）4mm 水下焊接；（c）HAZ

图 2.23 是空气中焊接和水下焊接焊缝中心的金相对比。空气焊接时，焊缝冷却速度慢，在焊缝中心形成了块状铁素体+珠光体的组织，并且从焊缝中心到焊缝底部，铁素体含量逐渐减少。在水下焊接时，工件周围水的冷却作用使焊缝在很短的时间内冷却，形成了针状马氏体+残余奥氏体的组织，并且可以明显看到不同晶粒内平行的马氏体位向是不同的。

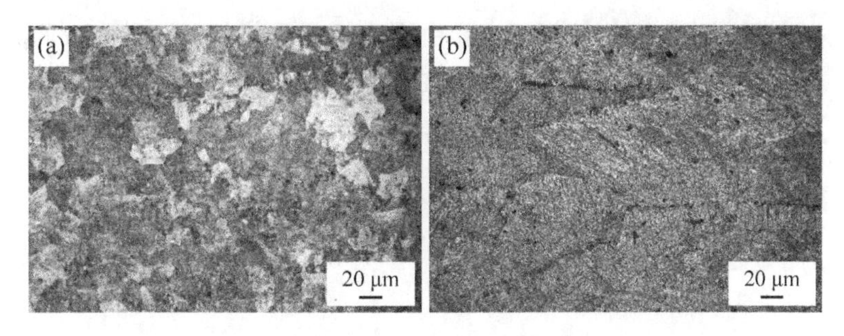

$P=3.0kW$，$v=5mm/s$，$d=-2mm$

图2.23　空气中和水下焊接焊缝中心金相照片对比

（a）空气中焊接；（b）4mm水下焊接

图2.24是空气中焊接和不同水深下焊接焊缝XRD图谱。从图中可以看到，与空气中焊接相比，水下湿法焊接焊缝的物相组成没有变化，但衍射峰强度有所降低，并且衍射峰向大角度方向出现偏移。主要原因是水的热导率是空气的20倍，熔池散热更快，焊缝中熔融金属结晶速度快，晶粒更加细小。

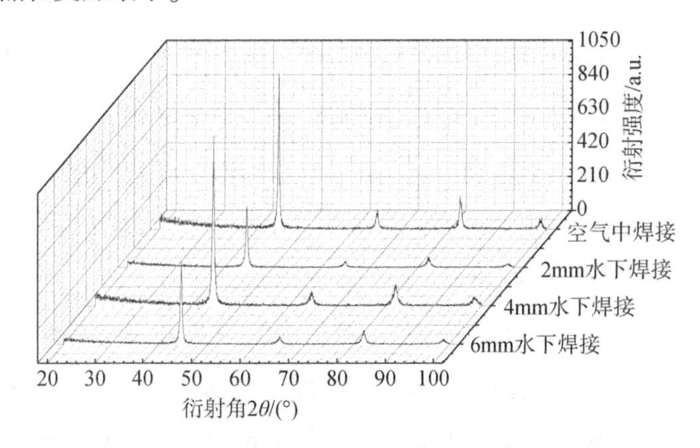

图2.24　空气中焊接和不同水深下焊接时焊缝XRD谱线

图2.25是空气中焊接与水下湿法焊接焊缝的显微硬度分布，两种焊缝的最大硬度区均出现在HAZ内，母材的原始硬度最低。这是因为在焊接过程中，HAZ受热发生了相变，相当于经历了一次淬火过程，因此硬度较高。与在空气中焊接相比，水下焊接焊缝中心处硬度值也比较

高，一方面因为水下焊接焊缝主要由硬质相马氏体组成，另一方面水的存在使焊缝急速冷却，焊缝中心处晶粒细小均匀。

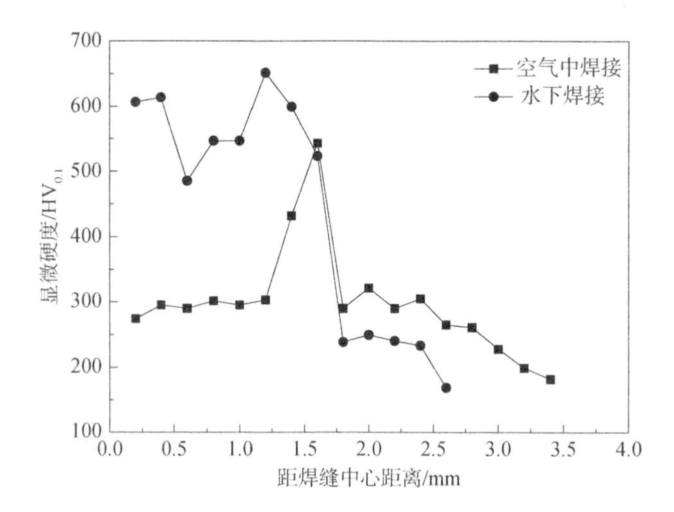

图 2.25　空气中与水下湿法焊接焊缝的显微硬度分布

对空气中和水下焊接的焊缝进行了拉伸试验，并与 45 钢基体进行了对比，图 2.26 为拉伸试样的断裂位置，图 2.27 是拉伸强度对比。从图 2.26 中可以看到，45 钢基体拉伸试样颈缩明显，伸长率较大，抗拉强度为 639MPa，而焊接后的拉伸试样断裂均发生在焊缝处。在空气中焊接后抗拉强度为 498MPa，为基体的 77.9%；水下焊接试样拉伸强度为 456MPa，达到基体的 70%。

图 2.28 是拉伸试样断口形貌，可以看到基体拉伸试样断口为韧性断裂，断口上有大量的韧窝，并且有少量的滑移带。空气焊接和水下焊接断口为典型的脆性断裂，在两者的断口上可观察到大量的解理面，其中空气焊接试样断口可见河流状花纹，主要为穿晶断裂；水下焊接断口起伏大，断口呈颗粒状，呈现典型的沿晶+穿晶断裂特征。由此可见，水下焊接过程中形成的淬硬组织是导致焊缝抗拉强度降低的主要原因。

冲击试验结果见表 2.2，焊接后试样的冲击吸收功和冲击韧性均大幅降低，其中空气中焊接冲击吸收功和冲击韧性为基体的 31% 左右；水下焊接冲击吸收功和冲击韧性为基体的23%左右。比较两种焊接方式，水下焊接冲击韧性更差，这主要是水下焊接时超快散热导致焊缝中出现了淬硬组织及各种缺陷。

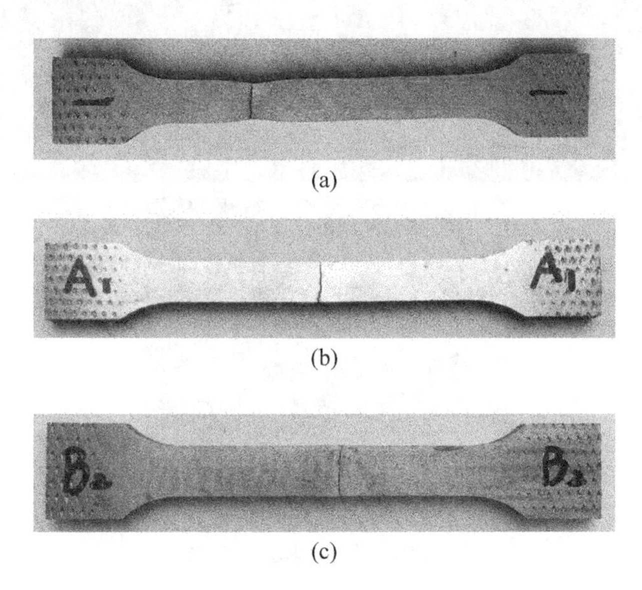

(a)

(b)

(c)

图2.26　拉伸试样断裂位置

(a) 基体；(b) 空气中焊缝；(c) 水下焊缝

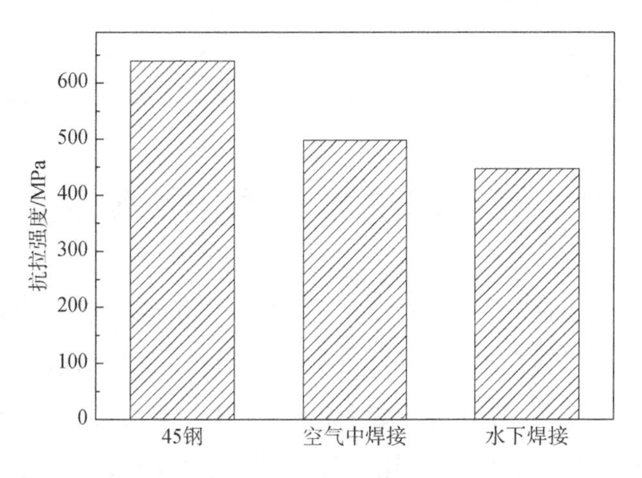

图2.27　抗拉强度对比

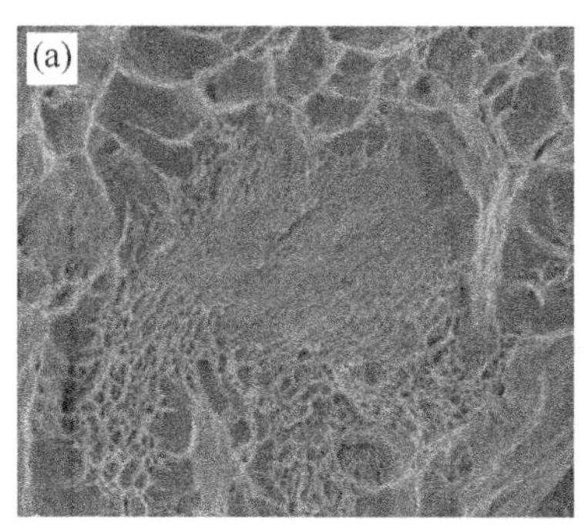

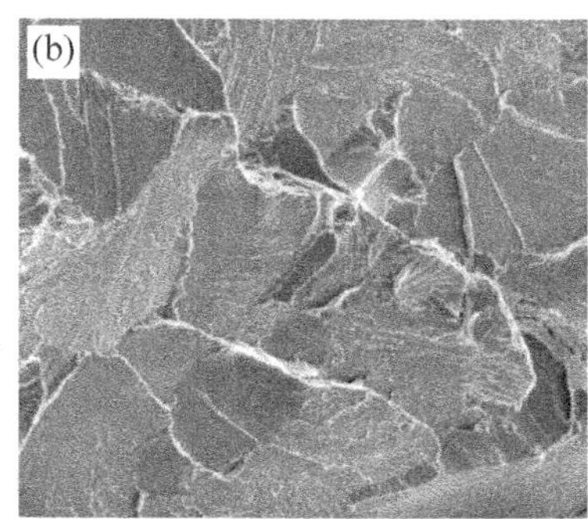

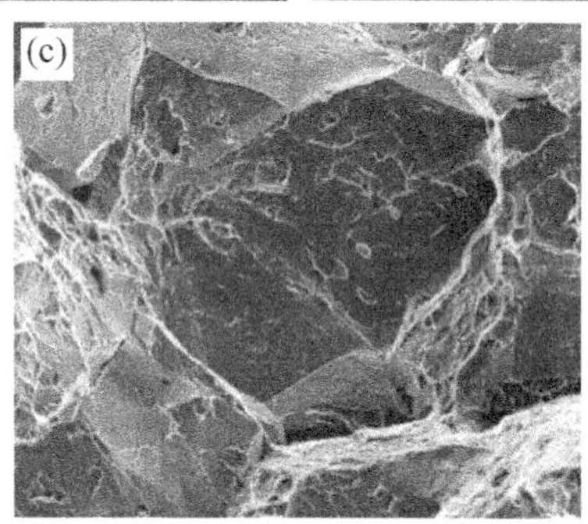

图 2.28 拉伸试样断口形貌

(a) 45 基体；(b) 空气中焊缝；(c) 水下焊缝

表 2.2 空气中焊接与水下焊接冲击试验对比

试验参数	45 钢基体	空气中焊接	水下焊接
吸收功/J	8.10	2.53	1.88
冲击韧性/(kJ/m^2)	101.14	31.65	23.45

2.8 水下湿法激光焊接焊缝缺陷

在水下湿法激光焊接过程中，未采用任何手段排除焊接区域的水，焊接过程完全暴露在水环境中，在激光作用下，周围的水分解为 H 和 O，而焊接区域过量的 H 会给熔池带来气孔和冷裂纹等缺陷；O 则会造成 Mn、Si 等易氧化元素的氧化，生成的氧化物以非金属夹杂的形式残留于焊缝中，使焊缝的力学性能下降。另外，由于水的热导率远大于空气的，因此在水下进行湿法焊接时，熔池在极短的时间内迅速冷却凝固，容易形成淬硬组织，恶化焊缝性能[103-104]。

图 2. 29 为焊缝中的气孔，从焊缝的横截面图中可以看到，气孔主要出现在焊缝中部，在熔池底部和熔合线附近也有气孔出现，气孔大多呈圆形，并且单独出现，根据以上特征，判定其应为氢气孔。在一般情况下，氢气孔的出现主要是由于熔池在高温时溶解了过量的氢，而随着温度降低，熔池逐渐冷却，氢在钢中的溶解度急剧下降，此时多余的氢将从熔池金属中析出，若熔池冷却快，析出的氢来不及逸出，就会以氢气孔的形式存在于焊缝中。氢气孔的存在是导致焊缝力学性能下降的一个主要原因。

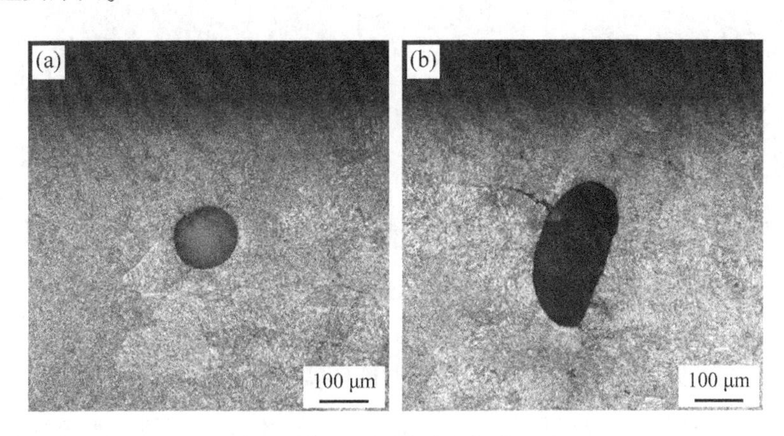

图 2. 29　焊缝中的气孔

对于水下湿法激光焊接而言，其气孔形成机理略有不同。由于湿法焊接时未采取保护措施，焊接过程中周围的水在重力作用下可能进入匙孔，匙孔内部温度高达 2000K 以上，进入匙孔的水在很短时间内汽化分解为 H 和 O，过量的氢溶解在熔池金属中，并在熔池凝固过程中析出。由于湿法焊接冷却速度非常快，部分氢来不及逸出，以气孔的形式存在于熔池中。随着水深增加，水对激光的衰减增强，到达金属材料表面的激光功率密度下降，焊接过程更加不稳定。同时激光功率下降，导致熔池冷却更快，因匙孔塌陷而卷入的气体来不及逸出，更容易形成气孔缺陷。

图 2. 30 为焊缝中的裂纹，裂纹产生是材料的韧性和应力互相竞争的结果。焊接中影响韧性的因素主要有扩散氢、硬质相（马氏体）。影响应力的因素主要包括三个方面：一是焊接过程中不均匀加热和冷却产生的热应力，二是金属相变时因体积变化产生的组织应力，三是焊接结构自身拘束条件带来的应力。当材料中的应力集中达到一定程度时，裂纹就在组织缺陷处产生。对水下湿法激光焊接而言，周围环境中的氢侵入熔池，造成焊缝金属中扩散氢含量较高；并且水环境对熔池的急速冷却作用，造成焊缝中存在淬硬组织；此外，熔池急速冷却导致焊缝中残余应力大。以上三个因素综合作用，造成了水下湿法焊接焊缝中的裂纹缺陷。

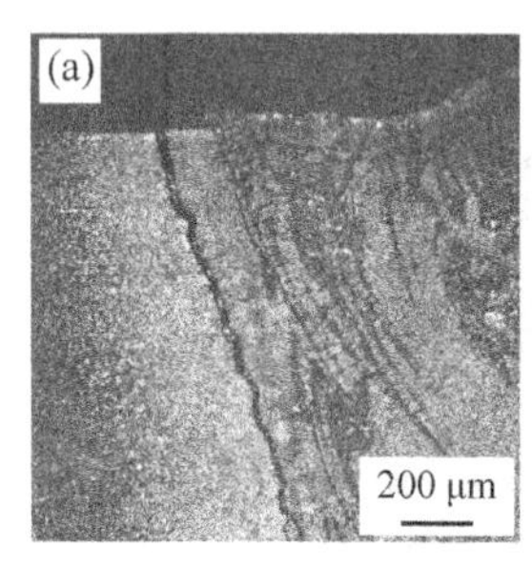

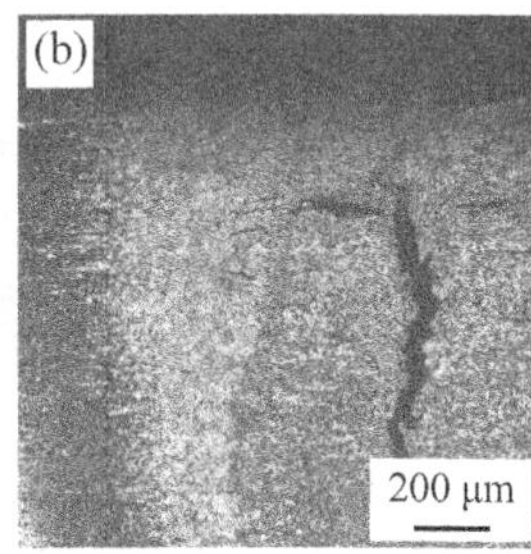

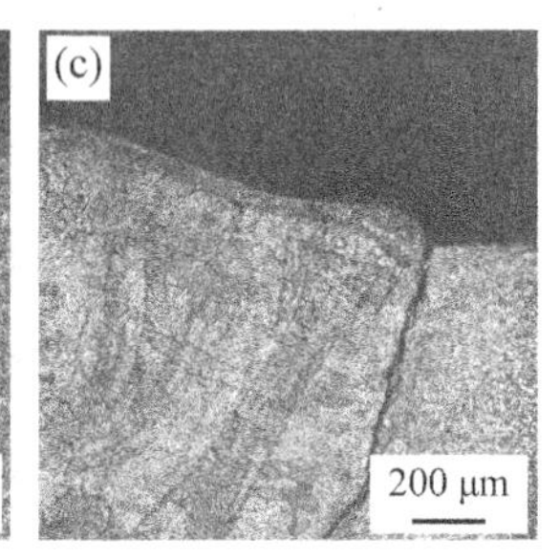

图 2. 30　焊缝中的裂纹

综上可见，当水深不超过 7mm 时能够实现水下湿法激光焊接，但是水的存在使焊接过程更加复杂，焊缝中气孔、裂纹、淬硬组织等缺陷也更加突出，严重影响焊接接头性能，限制了水下湿法激光焊接的应用，因此必须采取相应措施来减少焊接缺陷，提高接头性能。

2.9　小结

使用 45 钢作为基体，在水下进行了湿法激光焊接，探索了水下湿法焊接的可行性，研究了焊接工艺参数对焊缝成形性能的影响，对湿法焊接的机理进行了总结，并对焊缝的组织和力学性能进行了对比分析，主要结论有以下 4 点。

（1）焊件表面水深较浅时，水下湿法激光焊接是可行的，但当水深超过一定阈值时，光致等离子体形成，并对激光产生强烈的屏蔽作用。激光被等离子体吸收、散射、折射，达到金属表面时的能量密度已不足以形成匙孔，导致焊接无法继续。水下湿法激光焊接能进行的关键是在水中形成一个稳定的激光通道。

（2）不同水深下激光焊接形成激光通道的机制略有不同。当水深在 2mm 以下时，形成激光通道的主要原因是从匙孔中喷出的金属蒸气；当水深在 3~6mm 时，金属蒸气、水蒸气、部分等离子体共同作用形成了周期性稳定的激光通道；当水深大于阈值时，水蒸气产生的等离子体对激光产生强烈的屏蔽作用，焊接无法进行。

（3）激光功率、离焦量、水深等焊接工艺参数影响水下湿法激光焊接焊缝的成形质量。随着激光功率的增大，焊缝表面平整，成形质量好；适当的负离焦有利于形成深宽比大的焊缝；焊缝质量随水深的增加而变差。

（4）与空气焊接相比，水下湿法焊接的焊缝在水的作用下快速冷却，晶粒细小，并形成马氏体淬硬组织，因此焊缝硬度更高，但拉伸强度下降。水下湿法激光焊接焊缝中易形成裂纹、气孔等缺陷。此外，由于水下焊接散热较快，熔池中气体逸出受阻，材料的脆性增加、残余应力增大，导致焊缝的性能下降。

第3章

TC4 钛合金水下湿法激光焊接工艺研究

3.1 引言

钛及其合金具有比强度高、比刚度大、抗疲劳、韧性好、无磁、焊接性能好、耐海水腐蚀等特点，是继钢铁材料、铝合金之后的又一种性能优异的结构材料，被称为“第三金属”“太空金属”“海洋金属”，是一种重要的战略金属。钛合金具有耐海水和盐雾腐蚀的特点，是理想的海洋工程材料，被广泛应用于舰船、深潜器、凝汽器、核潜艇等领域。

20 世纪 60 年代，美国、俄罗斯、日本、中国等就已经开始了钛合金在舰船领域的研究。1968 年第一艘完全由钛合金建造的核潜艇在俄罗斯下水，这奠定了其在钛合金核潜艇建造技术上的领先地位，同时俄罗斯也是第一个建造钛合金耐压壳体的国家。随着钛合金价格下降，近年来，我国也越来越重视钛合金在海洋领域的应用，如“蛟龙号”深潜器就使用了钛合金的壳体。

目前在陆上进行的钛合金激光焊接已经有很多研究，但在水下使用激光进行的钛合金焊接鲜有报道。本部分以 TC4 钛合金为研究对象，使用水下湿法激光焊接技术对 TC4 钛合金的焊接工艺进行研究，为钛合金的水下焊接提供参考。

3.2　试验材料与方法

TC4 钛合金的化学成分见表 3.1，焊接中材料尺寸为 85mm×65mm×10mm。所用 TC4 钛合金基体为热轧钛合金厚板，制备工艺、成分、组织结构和性能符合《航空用钛及钛合金板、带材规范》（GJB 2505—95）和《TC4 钛合金厚板》（GB/T 31298—2014）的相关要求。板材厚度为 10mm，退火热处理条件为 800℃保温 2h，空冷。图 3.1 钛合金的组织，TC4 是一种典型的两相钛合金，主要由 α 相和分布在长 α 晶界上的 β 相组成。

表 3.1　TC4 钛合金化学成分　　单位：%

元素	Al	V	C	O	N	Ti
含量	6.06	3.92	0.013	0.15	0.014	余量

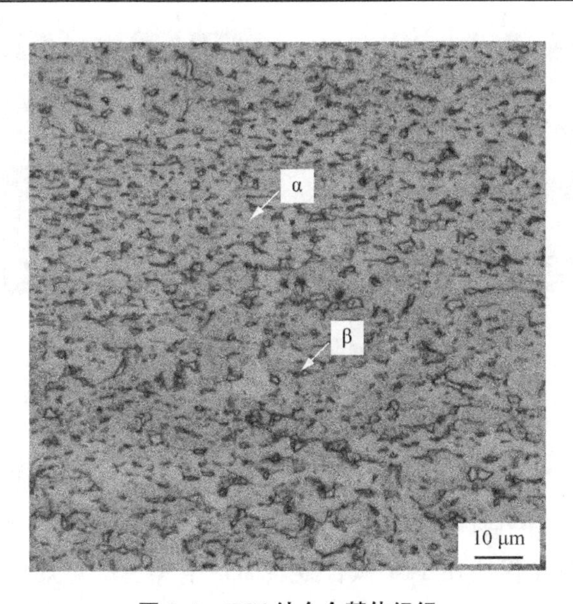

图 3.1　TC4 钛合金基体组织

以 TC4 钛合金为研究对象进行激光焊接时，首先对 TC4 钛合金进行酸洗（酸洗液为 3mL HF+30mL HNO_3+67mL H_2O），以去除表面氧化膜，而后用无水乙醇清洗表面。焊接试验系统及焊接工艺参见本书第 2.2 节。

3.3 TC4 钛合金水下湿法激光自熔焊接

在钛合金激光焊接过程中，强烈的金属汽化，使熔池中的液态金属沿匙孔壁逆激光轴向迁移，造成熔池表面驼峰；同时激光焊接熔池凝固快，熔融金属不能立即回填，导致焊缝出现咬边缺陷，这种缺陷很难通过调节激光功率、焊接速度和离焦量等工艺参数来消除。

3.3.1 工艺参数对自熔焊成形性的影响

使用 3kW 的激光功率，5mm/s 的焊接速度，0mm 离焦，研究了在不同水深下湿法激光焊接 TC4 钛合金焊缝的成形性。焊缝宏观形貌如图 3.2 所示。

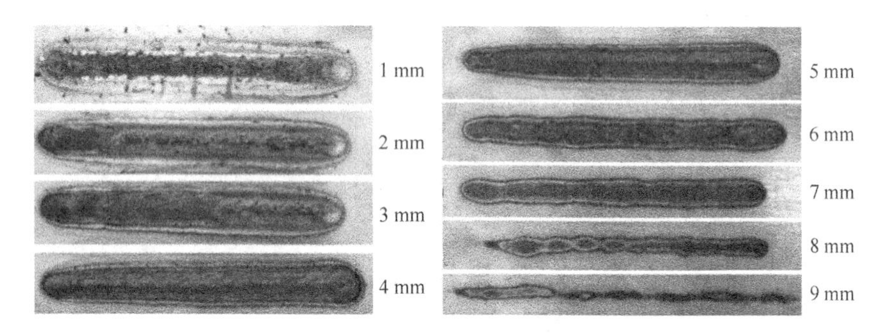

P=3kW，v=5mm/s，d=−2mm

图 3.2 不同水深下湿法激光焊接焊缝宏观形貌

由图 3.2 可知，随着水深的增加，焊缝呈现不同的形貌，当水深增加到 7mm 时，激光能量已不足以形成匙孔，无法进行激光深熔焊。水深继续增加，激光仅能在 TC4 钛合金表面留下黑色的烧灼痕迹。同时发现，当水深较浅（1～3mm）时，焊缝氧化严重。这是因为钛的化学性质活泼，加热至 250℃以上就开始吸收空气中的氧，加热至 600℃以上时吸收更强烈。当水深较小时，TC4 钛合金表面的水在激光作用下迅速蒸发汽化，而周围的水来不及回填至焊接区域就已经被蒸发，故此时的焊接在无保护的环境中进行，熔池直接暴露在周围环境中，高温的液态金属吸氧，发生严重氧化，如图 3.2 中 1mm 水深下的焊缝所示。随着水深逐渐增加，焊接区域水的压力逐渐增大，激光造成的蒸发汽化不足以将焊接区域的水完全排开，焊接区域被蒸发形成的气泡所包围，空气中的氧元素无法直接进入焊接区域，因此焊缝的前部未被氧化。但随着焊接的进行，热量在基体内部聚集，水的蒸发越来越剧烈，直至蒸发的气泡将焊接区域的水完全排开，气泡与大气贯通，使熔池暴露于周围的空气中，造成了焊缝后部的氧化现象，形成了如图中 2~3mm 焊接时的焊缝。当水深继续增大至 4~6mm 时，焊接过程中气泡稳定存在，但已经不足以将整个焊接区域的水排开，因此焊接过程中高温的熔池未吸收过多的氧而造成剧烈的氧化。当水深继续增加时，由于水的电离形成的等离子体对激光形成了强烈的屏蔽作用，而导致焊接失效。

在此基础上分别考察了激光功率、焊接速度、离焦量对焊接水深阈值的影响，其结果如图 3.3 所示。

从图 3.3 中可以看到，激光功率对焊接水深阈值的影响较大。在光斑大小固定的情况下，激光功率大小决定了激光功率密度的大小。在空气中焊接时，当激光功率密度足够大时，金属表面吸收激光能量并在极短的时间内发生汽化形成匙孔，但随着功率密度的增大，电离程度也增大，因此当激光功率过大时，会因等离子体对激光的吸收、折射、散射而造成激光能量的损失。在水下焊接时，随着激光功率的增加，水深阈值也相应增大，但二者并不呈严格的正比关系。从图中可以看到，功率从 3kW 增大到 6kW，水深阈值仅仅增加了 4mm，见图 3.3（a）。焊接速度决定焊接过程中激光与基体作用的时间，进而决定了单位长度基体从激光获得的总能量，即线能量。随着焊接速度的增加，激光与金属作用时间变短，基体获得的能量减少，当焊接速度过快时，会造成熔池温度不够，因此随着焊接速度的增大，可焊水深呈逐渐减少的趋势，如图3.3（b）所示。但焊接速度太慢，会造成热输入过大，热影响区增加，晶粒粗化。离焦量对水深阈值影响较小，当离焦量在+3～-3mm之间变化时，水深阈值没有变化，但离焦量过大，会造成功率密度的降低，因此焊接的水深阈值也随之减小，如图3.3（c）所示。如前所述，当离焦量为负时，激光焦点在材料内部，既有利于形成更强的熔化、汽化，也有利于激光能量通过"侧壁聚焦效应"被匙孔侧壁吸收；当离焦量为正时，激光焦点在材料表面上方，在匙孔形成后，激光能量也能通过"侧壁聚焦效应"被匙孔侧壁吸收。但当离焦量过大时，金属表面的功率密度降低，不利于形成匙孔，可焊水深减小。

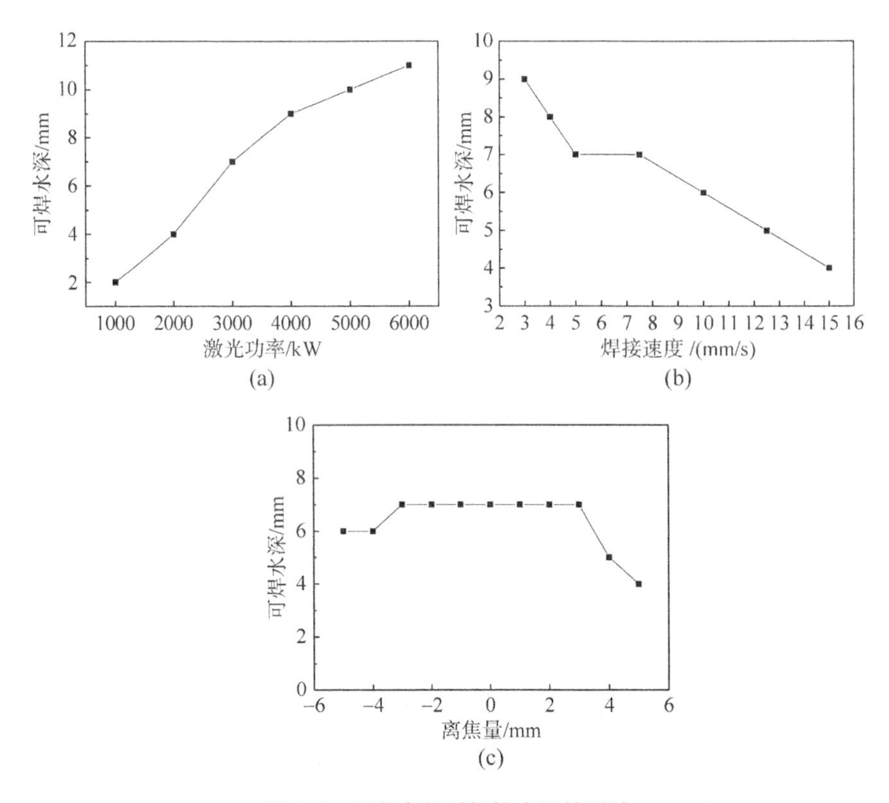

图3.3　工艺参数对焊接水深的影响

（a）激光功率；（b）焊接速度；（c）离焦量

综上可知，通过调整工艺（增加激光功率、减小焊接速度、改变离焦量）能够对 TC4 钛合金的焊接水深阈值产生一定的影响，但影响有限。

图 3.4 是使用 3kW 的激光功率在 4mm 水下焊接时不同焊接速度下焊缝的宏观形貌。当焊接速度为 5mm/s 时，焊缝后部出现了氧化现象，而随着焊接速度的增大，激光输入总热量减小，熔池温度降低，周围的水汽化减少，形成的气泡不足以将焊接区域的水完全排开，因此在速度较大的焊缝中未见氧化现象。随着焊接速度的增大，熔池冷却凝固更加迅速，不利于熔池流动，易在焊缝中形成驼峰状缺陷，造成焊缝不均匀。同时可以看到，随着焊接速度增大，焊缝宽度明显减小。

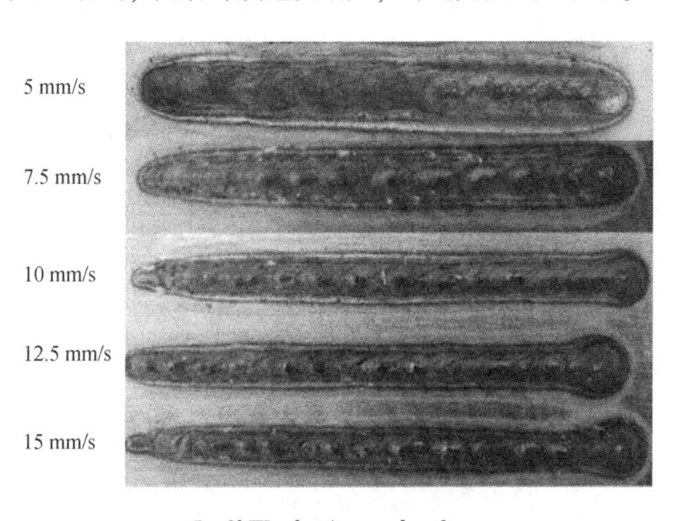

$P=3\text{kW}$，$h=4\text{mm}$，$d=-2\text{mm}$

图 3.4　不同焊接速度下焊缝的宏观形貌

不同焊接速度下焊缝的熔深、熔宽如图 3.5 所示。随着焊接速度的增大，熔深、熔宽都呈现减小趋势。当焊接速度为 5mm/s 时，熔深约为 7.13mm，熔宽约为 5.48mm；而当焊接速度增大至 15mm/s 时，其熔深仅为 3.87mm，约为前者的 54%。

图 3.6 给出了不同水深下焊接时的熔深、熔宽。TC4 钛合金水下湿

法激光焊接，熔深在水深较浅时与在空气中焊接时相差不大，说明在较浅的水下焊接时，激光能量损失较少，但随着水深增加，熔深逐渐减小，当水深超过5mm后，熔深急剧减小，说明激光在穿过焊接过程中产生的等离子体时有相当一部分能量被吸收、散射或折射。当水深超过7mm时，激光几乎不能穿过等离子体，到达金属表面的激光能量已不足以使金属熔化形成匙孔，激光深熔焊无法继续进行。

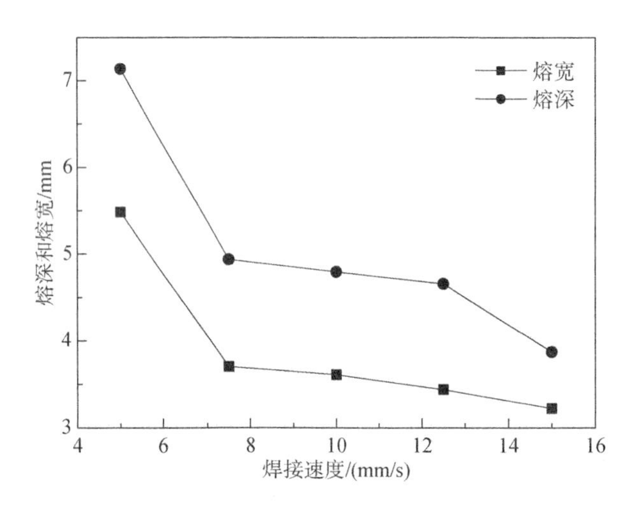

图3.5　焊接速度对熔深、熔宽的影响

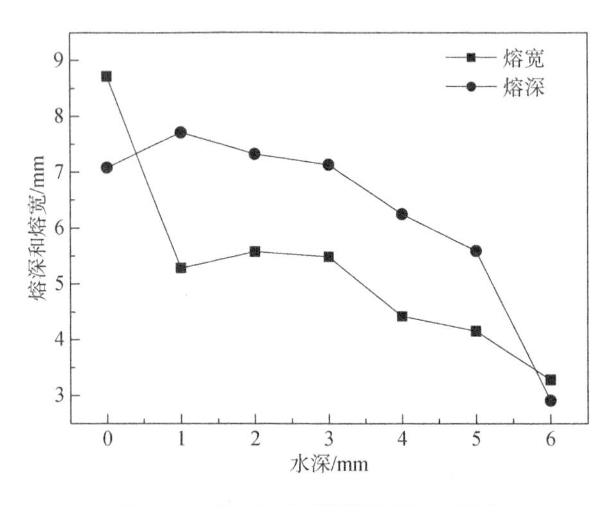

图3.6　不同水深下焊缝的熔深、熔宽

3.3.2　TC4 钛合金水下湿法自熔焊接组织与性能

图 3.7 分别为空气中焊接和水下焊接焊缝横截面形貌。从图中可以看到，空气中焊接焊缝和水下焊接焊缝均呈现典型的“钉头形”形貌。在激光焊接过程中，熔池对激光能量的吸收机制主要有两种，即逆韧致吸收和菲涅尔反射吸收。其中逆韧致吸收是等离子体对激光能量的吸收，其对熔池和匙孔有加热作用，这部分能量主要作用在熔池表面和匙孔上部，对熔深的贡献较小，但会增大焊缝表面熔宽，形成这种典型的“钉头形”焊缝。另一种是匙孔对激光能量的菲涅尔反射吸收，这是激光深熔焊中能量的主要吸收机制。在深熔焊过程中，激光传输至匙孔内后，会在匙孔壁处发生吸收和反射。每反射一次，能量就被匙孔吸收一部分，直至能量全部为匙孔所吸收。由菲涅尔吸收的形式可见，通过匙孔的反复吸收，激光能量在匙孔深度方向上均匀分布，因此形成了熔池下部的“U”形焊缝。与空气中焊接相比，水下焊接焊缝的“钉头”较小，这主要是两个方面的原因造成的：一是水下焊接时形成的等离子体受到周围水的压力，被约束在相对较小的空间内，因此等离子体体积较小；二是周围的水对熔池有强烈的冷却作用，造成了一定的热量损失。从图中还可以发现，水下焊接焊缝的热影响区远小于空气中焊接的，其焊缝内部的晶粒尺寸也更小。

焊缝区域为典型的铸态组织，由粗大的 β 柱状晶和柱状晶内快速冷却形成的网篮状马氏体组成。焊接时，熔池金属受热熔化，达到了 α/β 转变温度，因此全部转化为 β 相。在冷却凝固过程中，熔池温度呈梯度分布，从熔池中心到热影响区再到 TC4 钛合金基体，温度逐渐降低。在熔池与热影响区交界处，熔池中的液态金属直接与 TC4 钛合金基体的晶粒相接触，并完全润湿。在冷却过程中，液态金属以 TC4 钛合金基体的晶粒作为形核的基体，沿着原有晶体取向排列在晶粒上生长。在金相中表现为 β 柱状晶以熔合线附近半熔化的金属为基底向焊缝中心外延生长。

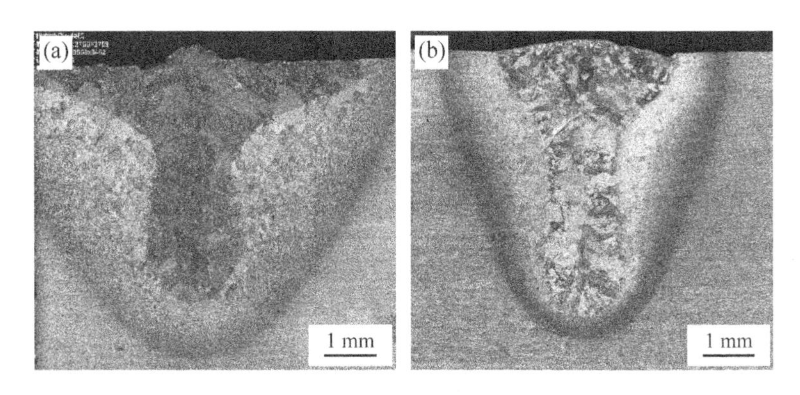

$P=3\text{kW}$，$v=5\text{mm/s}$，$d=-2\text{mm}$

图 3.7　空气中焊接和水下焊接焊缝横截面形貌

(a) 空气中焊接；(b) 水下焊接

图 3.8 分别为空气中焊接与水下焊接焊缝中部的金相组织。在空气中焊接时，熔池主要通过与基体金属的热传导和与表面空气的热辐射进行散热，而在水下湿法焊接时，熔池除向基体金属进行热传导外，还与周围环境的水进行热交换，因此冷却速度更快，焊缝中的晶粒更小，如图 3.8（b）所示。TC4 钛合金在常温下为 α+β 型钛合金，在焊接过程中，基体温度迅速升高达到 α 相向 β 相的转变温度，当熔池中的金属全部熔化时，α 相全部转变为 β 相，随后熔化。随着温度的降低，β 柱状晶首先在熔合线附近形核并向熔池中心生长完成凝固。在空气中进行焊接时，焊缝冷却主要通过向周围的空气的热辐射和向基体的热传导进行，熔池冷却速度相对缓慢，在冷却过程中发生 β 相→α 相的扩散型转变。最终在熔池中形成了粗大 β 相原始晶粒，α 相呈网状分布在原始 β 晶界上，原始 β 晶粒内部的 α 相呈片状分布，为典型的魏氏组织，如图 3.8（a）所示。

在水下进行湿法激光焊接时，由于周围水环境对基体和熔池的急冷作用，熔池在极短时间内迅速冷却凝固，在此过程中，β 相通过非扩散型转变形成了 α′马氏体，即发生了 β 相→α′马氏体相转变。因此其组织与空气中焊缝的组织有所不同。从图 3.8（b）中可以看到，水下湿法焊接焊缝中也形成了典型的魏氏组织，但晶粒更加细小。在快速冷却凝固的过程中，α′马氏体相在原始 β 晶粒内部边界处形核，并向 β 晶粒内部平行生长，最终贯穿整个 β 晶粒。在 α′马氏体相之间形成了二次针状 α′相，这些细小的二次针状 α′相与 α′马氏体相呈现不同的取向，最终形成了网篮状组织形貌，如图 3.9 所示。

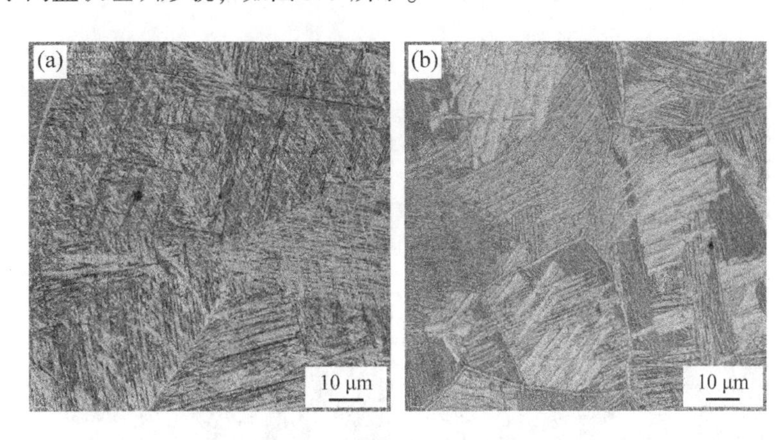

图 3.8 焊缝中部的金相组织

(a) 空气中焊接；(b) 水下焊接

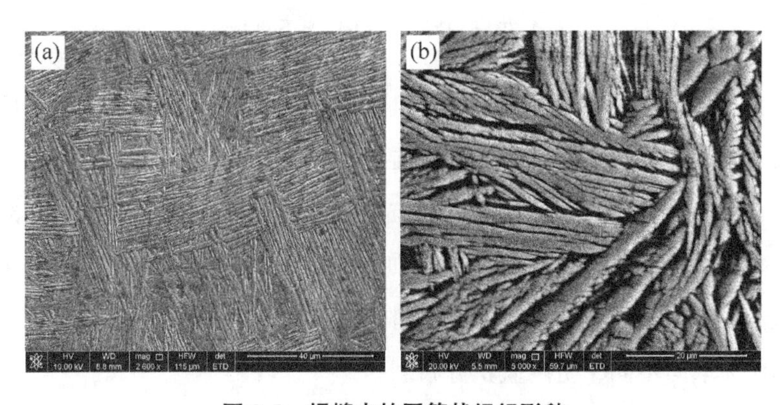

图 3.9 焊缝中的网篮状组织形貌

(a) 网篮状组织；(b) 局部放大图

图 3.10 为熔合线附近的金相。热影响区由 α′马氏体相和初始 α 相构成。这是因为在焊接过程中热影响区受热仅次于焊缝，离焊缝越近，热影响区温度越高。在靠近焊缝的热影响区，加热过程中 TC4 钛合金基

体受热，最高温度达到了 α 相→β 相的转变温度，并形成了 β 单相区，在冷却过程中时 β 相通过切变形成 α′马氏体相。而在远离焊缝的热影响区，加热过程中温度较低，仅有部分 α 相发生了 α 相→β 相的同素异构转变，形成了 β+α 的双相区，在冷却过程中 β 相通过切变形成 α′马氏体相，α 相未发生转变，因此形成了 α′马氏体相和初始 α 相的混合组织。

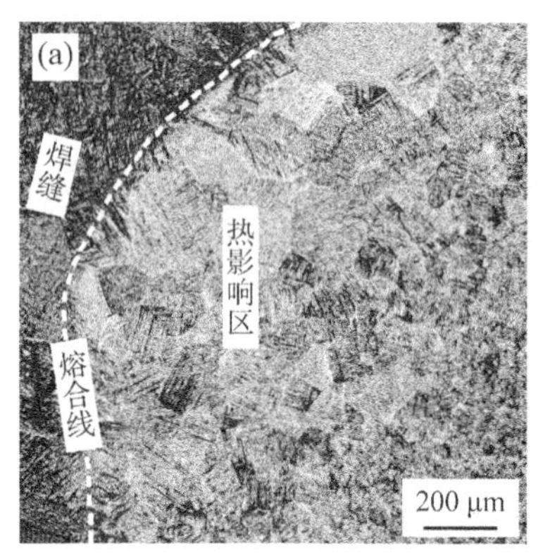

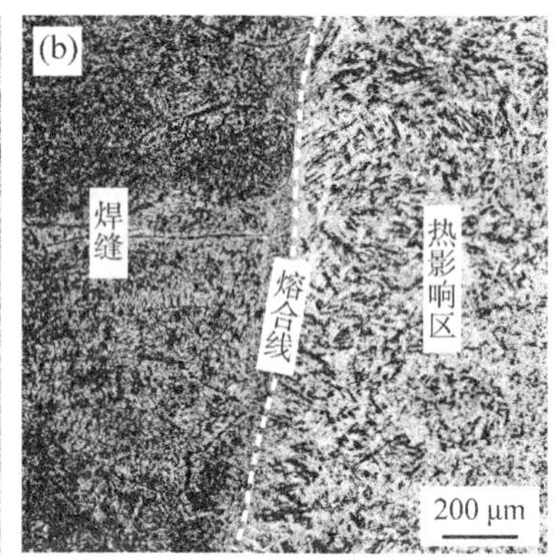

图 3.10　熔合线附近的金相

(a) 空气中焊接；(b) 水下焊接

为了解焊缝中晶粒的大小与取向，对水下湿法焊接的焊缝进行了 EBSD 分析。如图 3.11 所示为水下湿法焊接焊缝顶部与底部的晶粒、晶界和晶粒尺寸分布图。熔池底部晶粒为粗大的 β 柱状晶，在 β 晶内部为贯穿整个柱状晶的针状 α′马氏体，如图 3.11（b）、（d）所示。而在熔池顶部，β 晶粒呈等轴状，等轴晶间的晶粒清晰可见，晶粒内部的针状 α′马氏体取向不同，呈网篮状分布。

图 3.12 为空气中焊接和水下焊接焊缝 XRD 图谱。从图中可以看出，在空气中焊接与在水下焊接的焊缝物相组成差别不大，大体都是由 α′马氏体相组成的，水下焊接由于冷却速度快，焊缝中残留一些未转变的 β 相。

图 3.13 是空气中焊接和水下焊接焊缝显微硬度分布曲线。从图中

可以看到，焊缝和热影响区的显微硬度明显高于 TC4 钛合金基体的，其中焊缝区的硬度最高。在焊缝区，水下焊接显微硬度达到了 600$HV_{0.1}$ 以上，远高于空气中焊接焊缝中心的显微硬度。水下湿法焊接焊缝的显微硬度随距离焊缝中心的距离增加而逐渐降低，热影响区显微硬度略低于 400$HV_{0.1}$。而空气中焊接焊缝中心处显微硬度仅有 400$HV_{0.1}$ 左右，热影响区显微硬度达到 450$HV_{0.1}$。

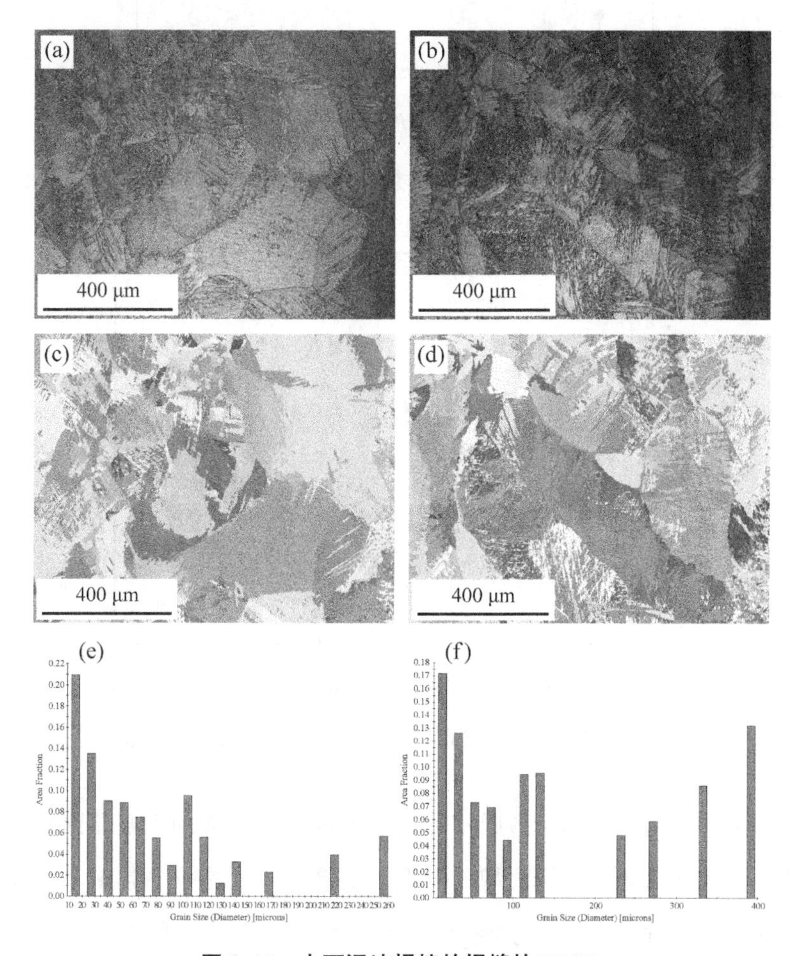

图 3.11　水下湿法焊接的焊缝的 EBSD

(a)、(c)、(e) 分别为焊缝顶部的晶粒、晶界和晶粒尺寸分布图；

(b)、(d)、(f) 为焊缝底部的晶粒、晶界和晶粒尺寸分布图

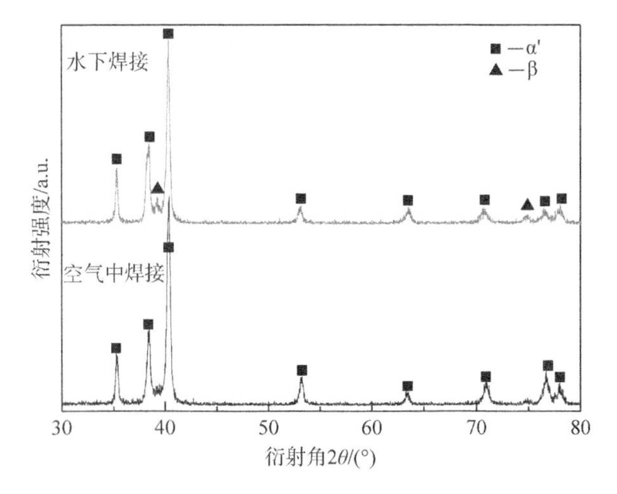

图 3.12 空气中焊接和水下焊接焊缝 XRD 图谱

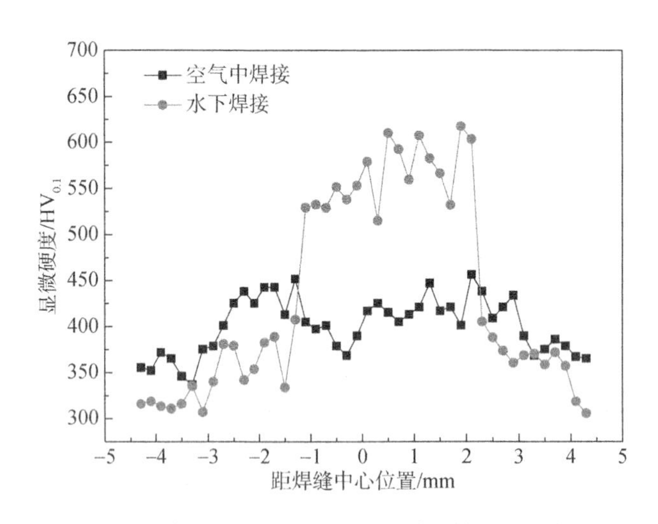

图 3.13 空气中焊接和水下焊接焊缝显微硬度分布曲线

焊缝中的组织不同是形成这种显微硬度分布趋势的主要原因。水下湿法激光焊接的焊缝组织为魏氏组织，主要原始 β 晶粒中由 α′马氏体相和二次针状 α′相构成，而热影响区组织为 α′马氏体相和初始 α 相的混合组织，基体组织为 α+β 的双相组织。空气中焊接焊缝组织虽然也是魏氏组织，但 β 晶粒内分布的是片状的 α 相。在这种组织中，α′马氏体相硬度最大，且 α′马氏体相含量越高，硬度越大，因此水下焊缝的显微硬度最大，热影响区中由于也存在部分的 α′马氏体相，硬度也较大，而空气中焊接的焊缝由于不含 α′马氏体相，硬度较小。

图 3.14、图 3.15 分别为水下焊接焊缝切向和纵向的残余应力分布。残余应力近似呈对称分布。从图 3.14 中可以看到，在焊缝中心处，残余应力表现为压应力，大小为-295MPa，在远离焊缝处，残余应力逐渐变为拉应力。在焊缝的纵向上，残余应力分布表现为焊缝中心处为较大的拉应力，达到 568MPa，在远离焊缝处，残余应力表现为较小的压应力。

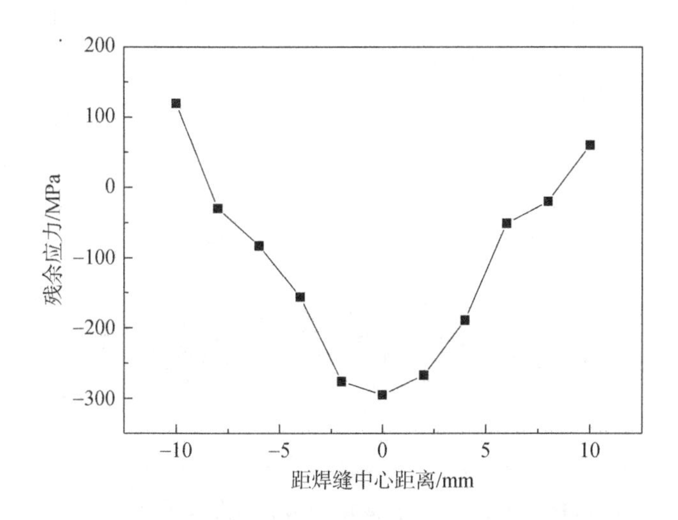

图 3.14　焊缝横向残余应力分布曲线

在不考虑基体变形的条件下，热应力可由式（3.1）进行计算[105]：

$$\sigma_1 = -\sigma_2 = [(\alpha_2 - \alpha_1)(T_2 - T_1)]/(1/E_1 + 1/E_2) \tag{3.1}$$

式中，σ_1、σ_2 为热应力；α_1、α_2 为线膨胀系数；T_1、T_2 为温度；E_1、E_2 为弹性模量。

随着温度的降低，线膨胀系数变化较小，而弹性模量变化大。由于高温时金属屈服强度很低，表面金属容易产生屈服并发生拉伸的塑形变形，导致在之后的冷却过程中母材没有发生塑性变形的区域将限制塑变金属的自由变形，从而造成焊缝中心处表现为压应力。图 3.16 为水下湿法激光自熔焊接渗透探伤结果。在焊缝表面出现大量垂直于焊接方向的贯穿性裂纹，说明在焊缝处沿着焊接方向（纵向）存在较大的拉应力，这也验证了残余应力测试的结果。

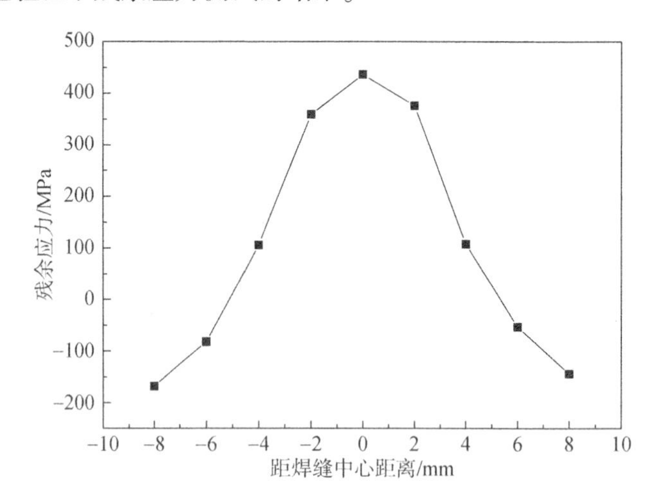

图 3.15　焊缝纵向残余应力分布曲线

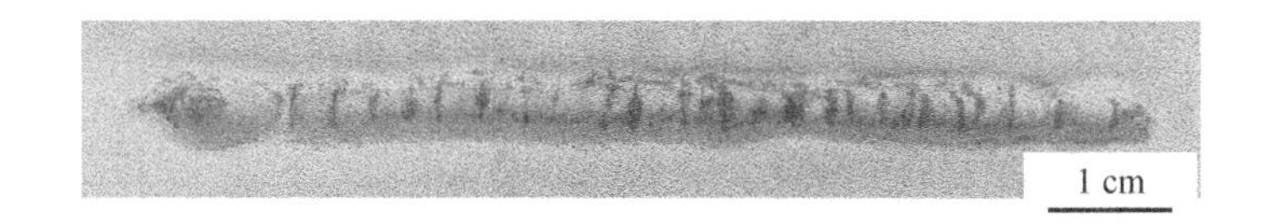

$P=3\text{kW}$，$v=5\text{mm/s}$，$h=4\text{mm}$，$d=-2\text{mm}$

图 3.16　水下湿法激光焊接 TC4 钛合金渗透探伤结果

3.4　TC4 钛合金水下湿法激光送丝焊接

3.4.1　工艺参数对送丝焊成形性的影响

使用直径为 1.0mm 的 TA2 焊丝进行了激光送丝焊接试验。试验在高压试验舱中的激光焊接头进行。TC4 钛合金板材放置于水中，表面水深 4mm，研究了激光功率、送丝速度、焊接速度对成形的影响，其结果见表 3.2～表 3.4。

从表3.2中可以看到，随着激光功率的增加，熔深从684μm增加至3479μm，熔宽从3152μm增加至4183μm，余高基本保持不变，可见焊缝的熔深、熔宽随激光功率增加均呈现增加的趋势，激光功率对熔深的影响最大，对余高几乎没有影响。

表3.2　激光功率对成形的影响

编号	激光功率/kW	焊接速度/(m/min)	送丝速度/(m/min)	焊缝横截面	熔深/μm	熔宽/μm	余高/μm
1	2.0	1	2.20	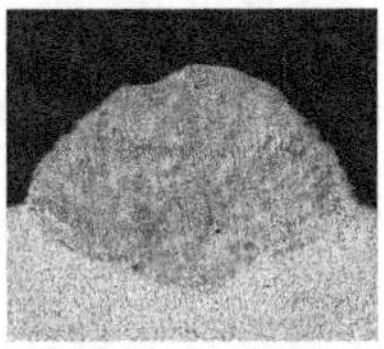	684	3152	1082
2	2.5	1	2.20	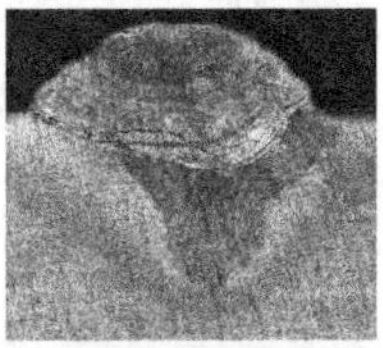	2074	3083	1052
3	3.0	1	2.20	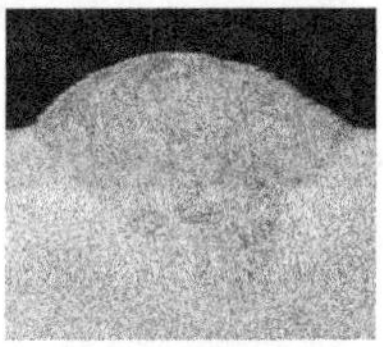	2511	4093	1012
4	3.5	1	2.20	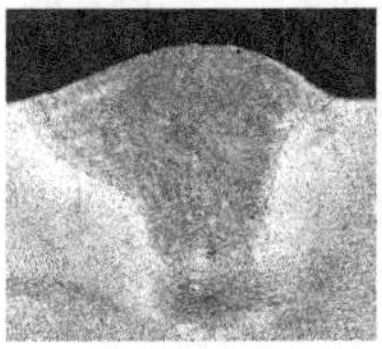	3479	4183	1037

从表3.3中可以看到，增大送丝速度，焊缝的余高增加，熔深、熔宽变化不明显。当送丝速度较小时，得到的焊缝形状类似于激光自熔焊接的，随着送丝速度的增大，焊缝余高增加。同时可以看到焊缝中粗大的柱状晶呈现明显的向熔池中间和顶部生长的趋势，这与熔池中的温度梯度有关。

表 3.3 送丝速度对成形的影响

编号	激光功率/kW	焊接速度/(m/min)	送丝速度/(m/min)	焊缝横截面	熔深/μm	熔宽/μm	余高/μm
1	3.0	1	1.90	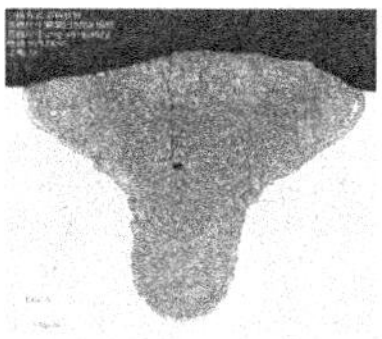	3355	4503	615
2	3.0	1	2.20		2511	4093	1012
3	3.0	1	2.35	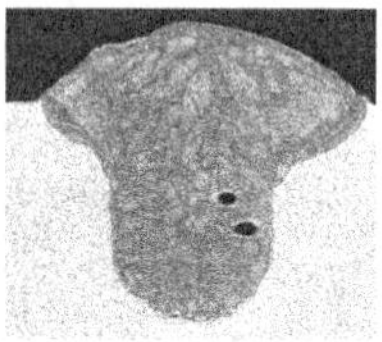	3256	4333	1161
4	3.0	1	2.50	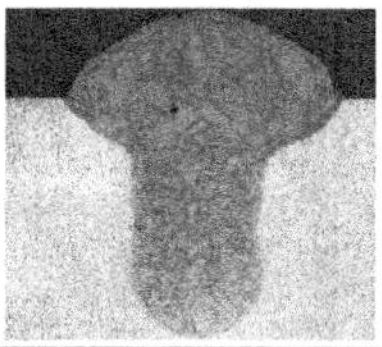	3504	3712	1230

从表 3.4 中可以看到，随着焊接速度的增加，焊缝熔深迅速减小，当焊接速度为 1.3m/min 时，焊缝熔深仅为 412μm，但焊接速度对熔宽和余高的影响较小，熔宽保持在 3200μm 左右，而余高几乎无变化。焊缝中晶粒取向不明显，但晶粒大小随焊接速度的增加而减小。

表 3.4 焊接速度对成形的影响

编号	激光功率/kW	焊接速度/(m/min)	送丝速度/(m/min)	焊缝横截面	熔深/μm	熔宽/μm	余高/μm
1	3.0	0.9	2.20	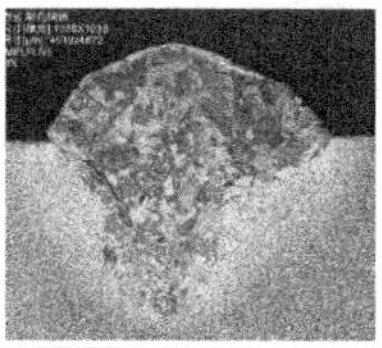	2084	3112	1161

续表

编号	激光功率/kW	焊接速度/(m/min)	送丝速度/(m/min)	焊缝横截面	熔深/μm	熔宽/μm	余高/μm
2	3.0	1.1	2.20		1806	3562	1121
3	3.0	1.3	2.20		412	3114	1182

通过以上分析可见，激光功率、焊接速度和送丝速度对激光送丝焊接焊缝成形有重要影响，其中激光功率对焊缝熔深最大，对熔宽影响较小，对余高的影响微乎其微；送丝速度主要影响焊缝的余高，对熔深、熔宽影响较小；焊接速度对熔深影响较大，而对余高几乎没有影响。

3.4.2　送丝焊焊缝显微组织

图3.17为典型的水下湿法激光送丝焊接焊缝的宏观形貌。从宏观上看，焊缝较为均匀平整，无氧化、飞溅、咬边等焊接缺陷，但在垂直焊接方向上分布较多贯穿焊缝的裂纹。

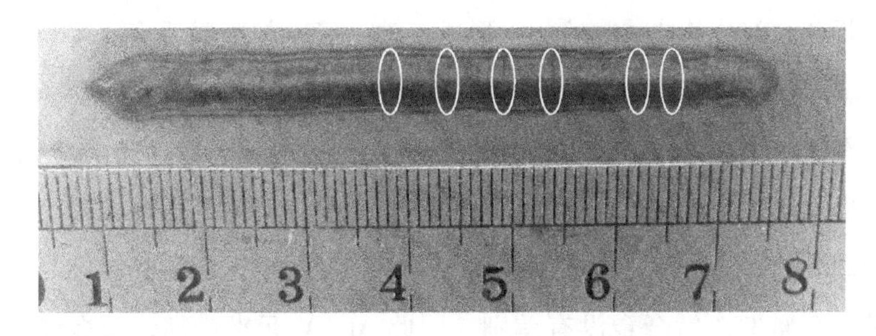

$P = 3kW$，$v = 0.9m/min$，$v_f = 2.2m/min$

图3.17　水下湿法激光送丝焊接焊缝的宏观形貌

对焊缝及基体进行了 EDS 分析。图 3.18 是 TC4 钛合金基体能谱分析。从结果可以看到，基体主要由 Ti、Al、V 三种元素组成，其中 Al 的质量分数 5.88%，V 的质量分数 4.3%，符合 Ti-6Al-4V 成分要求。基体中为典型的 α+β 的双相型组织。

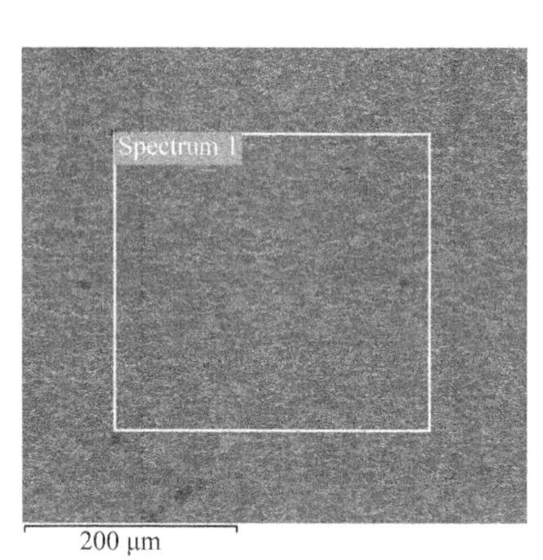

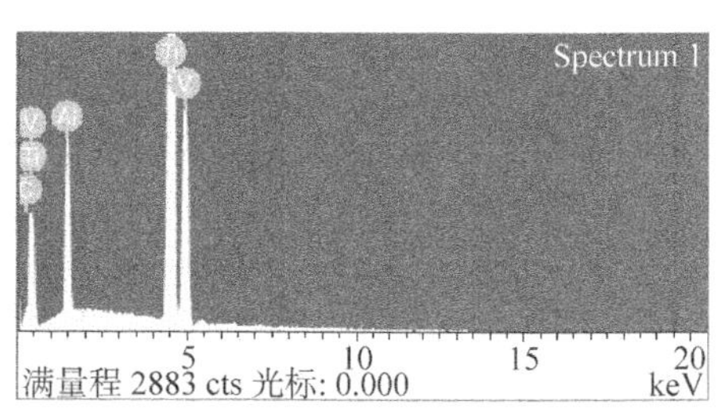

元素	质量百分比	原子百分比
C	3.52	12.22
Al	5.88	9.09
Ti	86.30	75.17
V	4.30	3.52
总量	100.00	

图 3.18　TC4 钛合金基体能谱分析（单位：%）

图 3.19 是焊缝处的能谱分析。与 TC4 钛合金基体相比，Al 的质量分数 3.65%，V 的质量分数 2.5%，质量分数均有所降低，而 Ti 的质量分数上升。这是因为焊丝为 TA2，其成分为 99.5% 的 Ti，在焊接过程中，焊丝和部分基体一起熔化，形成熔池，经冷却凝固后形成焊缝，因此焊缝中 Ti 含量增加，而 Al 和 V 的含量降低。

图 3.20 是熔合线附近的能谱线扫描。从热影响区到焊缝，Al 元素、V 元素含量有所下降，Ti 元素基本无变化。热影响区是在焊接过程中基体金属受到焊缝的热循环影响而发生了组织变化的区域，其在成分上仍与基体金属 TC4 钛合金没有差别，因此 Al、V 元素略高。而焊缝是由 TA2 和部分熔化的 TC4 钛合金基体形成的，因此 Al、V 含量略低于 TC4 钛合金基体。

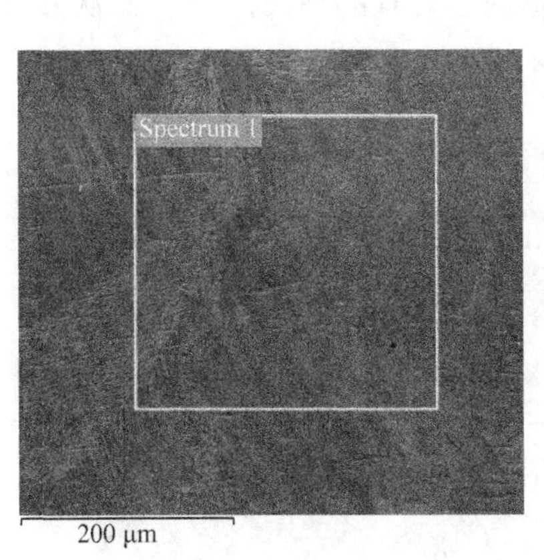

Spectrum 1

Ti V C Al Ti V

5 10 15 20

满量程 2883 cts 光标: 0.000　keV

元素	质量百分比	原子百分比
C	3.36	11.89
Al	3.65	5.75
Ti	90.48	80.27
V	2.50	2.09
总量	100.00	

图 3.19　焊缝处的能谱分析（单位：%）

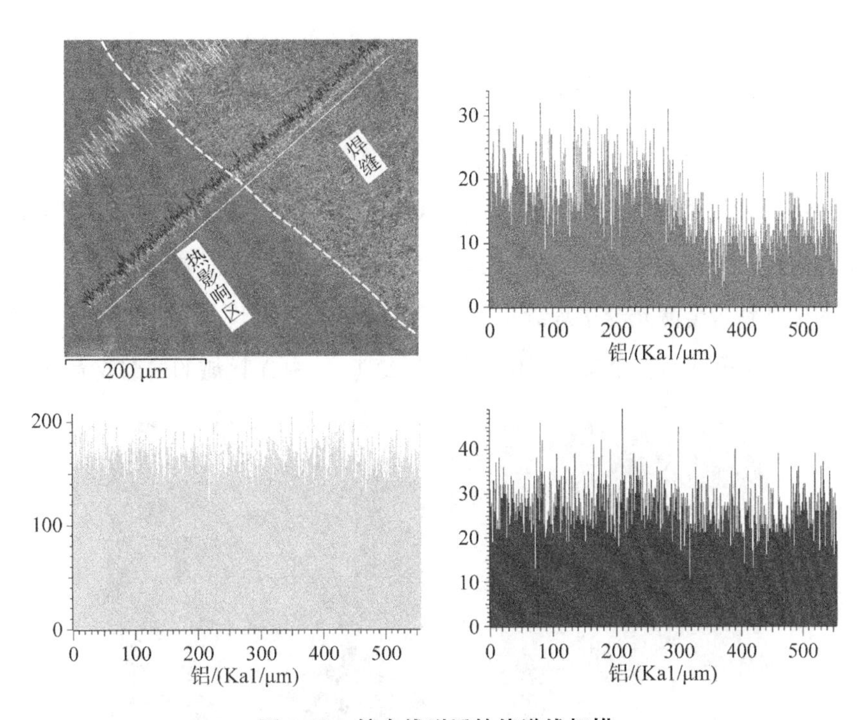

图 3.20　熔合线附近的能谱线扫描

图 3.21 是焊缝底部的金相组织。在熔池底部，随着温度降低，β 晶粒首先形核长大，当温度继续降低时，在原始 β 晶粒内部发生了 β→α

的同素异构转变，由于冷却速度快，形成了针状的马氏体 α′，α′从 β 晶界开始向晶粒内部生长，部分贯穿整个 β 晶粒，部分被其他位向的 α′马氏体阻碍，形成了典型的网篮状组织，β 晶粒的晶界清晰可见。

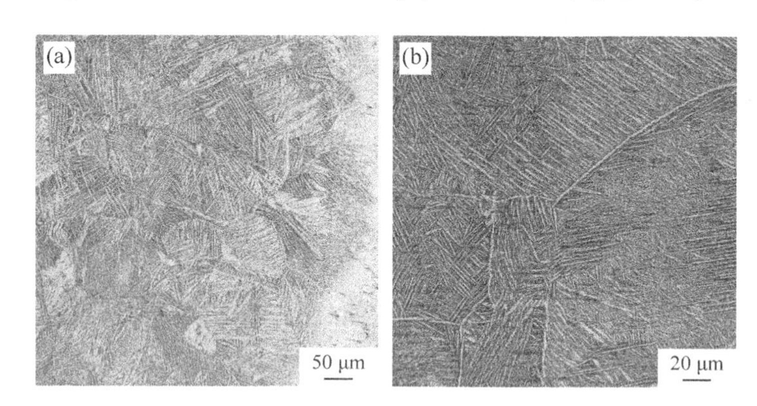

$P=3\text{kW}$，$v=0.9\text{m/min}$，$v_f=2.2\text{m/min}$

图 3.21　焊缝底部的金相组织

(a) 焊缝底部金相；(b) 局部放大图

图 3.22 是焊缝中下部金相组织。从图 3.22 (a) 中可以看到，以图中的虚线为分界线，虚线上方和下方组织呈现完全不同的特征。在虚线下方是典型的 TC4 钛合金激光焊接焊缝中的 α′马氏体相形成的网篮状组织，而在虚线上方则是等轴晶。图 3.22 (b) 是图 3.22 (a) 中 **A 区域**的局部放大图。

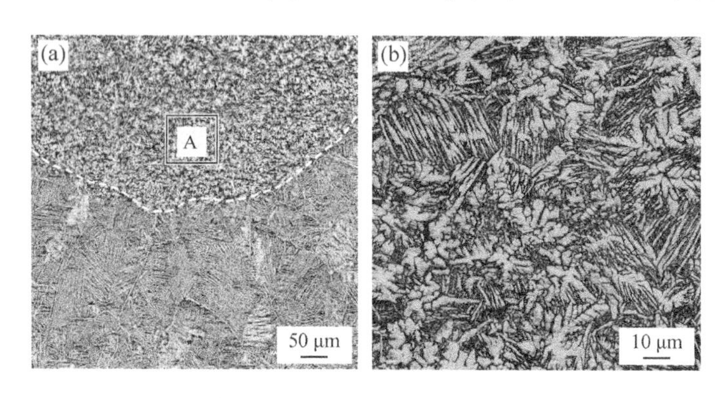

$P=3\text{kW}$，$v=0.9\text{m/min}$，$v_f=2.2\text{m/min}$

图 3.22　焊缝中下部金相组织

(a) 熔池中部金相；(b) A 区域的放大图

图 3.23 是焊缝中部等轴晶区的能谱分析。从图中可以看到，A 区域 Ti 含量高，而 Al 和 V 的含量均比较少，B 区域 Al 含量比较高。在 TC4 钛合金中，除 Ti 元素外，主要有 Al 和 V 两种元素，分别是 α-Ti 稳定元素和 β-Ti 稳定元素。在 B 区域，Al 元素含量较高，结合湿法焊接的热循环过程和 B 区域形貌，可以判定其为针状 α′马氏体相。

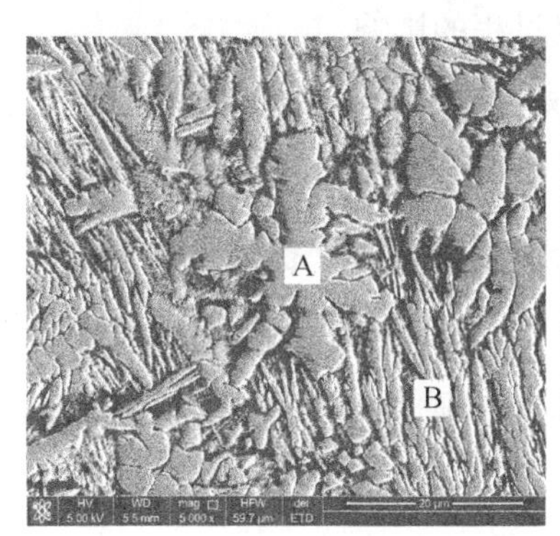

区域	元素含量/%			
	C	Ti	Al	V
A	3.49	92.87	2.52	1.12
B	4.53	88.12	5.06	2.29

图 3.23　焊缝中部等轴晶区的能谱分析

3.5　压力环境下 TC4 钛合金水下湿法激光焊接

当在深海环境中进行水下焊接时，除常压干法焊接外，其他诸如湿法焊接、高压干法焊接、局部干法焊接都需要考虑压力环境对焊接过程的影响。针对高压环境下的电弧焊接，学者已经进行了大量的研究，对高压环境下的电弧行为、熔滴过渡特性等有了比较深入的理解，并形成了共识。在高压环境下，电弧起弧困难，稳定性下降，并且会产生熔滴过渡不稳定的问题。目前激光焊接在环境压力下的研究主要集中在环境压力对匙孔行为的影响和负压/真空环境下焊缝成形行为等方面，高压环境下的光致等离子体的研究还比较少。

激光焊接可分为热导焊和深熔焊两种，水下湿法激光焊接通常采用激光深熔焊。只有激光功率达到一定密度时，激光深熔焊才能进行。在焊接开始的极短时间内，金属表面在强激光作用下，发生汽化蒸发、并在蒸气的反作用力下形成匙孔。在激光焊接过程中，保护气体、金属蒸气在激光作用下会发生电离形成等离子体，被称为光致等离子体。这种等离子体和金属蒸气对焊接过程产生影响。对于光纤激光而言，其波长短，不易产生光致等离子体，因此当在空气中进行焊接时，主要是金属蒸气对焊接过程的影响；当在水下进行湿法焊接时，光致等离子体现象比较严重，必须考虑等离子体对焊接过程的影响。

光致等离子体一旦形成，就会对激光产生吸收、散射、折射等作用，对激光的传播产生干扰的同时降低光束质量。等离子体的波动不仅会对激光的传播产生不良影响，也会对熔池造成干扰，影响熔池稳定性并对焊接质量产生影响。在高压环境下，周围环境压力对激光等离子体的影响机制及熔池结晶状态的影响机理目前尚不明确。本节将对压力条件下的湿法激光自熔焊接和送丝焊接进行探索，为深海高压环境下水下湿法激光焊接奠定基础。

图 3.24 是不同压力环境下湿法激光焊接焊缝的宏观形貌。由图可见，随着压力的增加，焊缝区域变窄，焊接表面起伏变大，焊接质量下降。当压力达到 0.4MPa（相当于 40m 水深）以上时，到达金属表面的激光功率密度已不足以形成匙孔，激光深熔焊无法维持，焊接模式由深熔焊转变为热传导焊。

图 3.25 是不同压力环境下激光焊接焊缝的熔深与熔宽。随着压力增加，焊缝熔深与熔宽均呈现减小趋势，熔深对环境压力比较敏感，当压力增大时，焊缝熔深急剧下降，水深达到 40m 以后，焊缝熔深不到 1mm。

在高压舱内进行激光焊接时，由于光线芯径为 400μm，激光经准直后得到的光斑直径为 0.8mm，与舱外的激光焊接头相比，光斑直径增大了一倍多。对连续激光来说，当激光能量为 3kW 时，功率密度为

$$功率密度 = \frac{激光功率}{光斑面积} = \frac{P}{\pi r^2} \approx 5.97 \times 10^5 (\mathrm{W/cm^2}) \qquad (3.2)$$

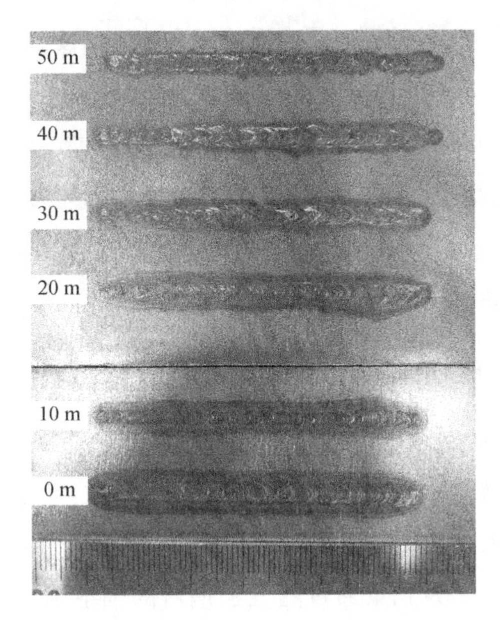

图3.24　不同压力环境下湿法激光焊接焊缝的宏观形貌

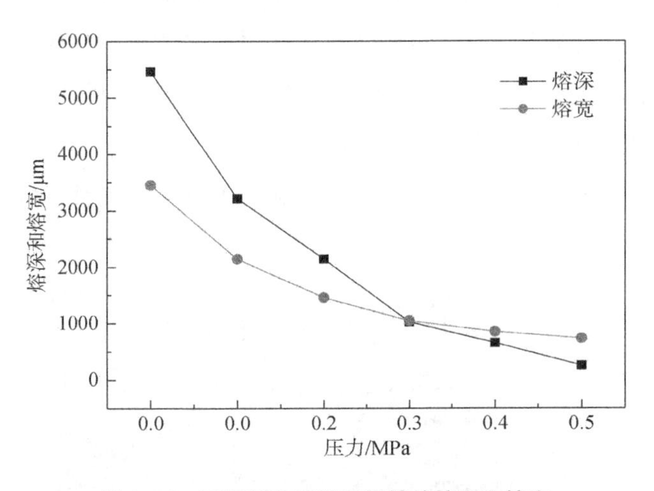

图3.25　不同压力环境下焊缝的熔深和熔宽

但在压力环境下，焊接过程中产生的光致等离子体会因周围环境压力的影响而被压缩，使等离子体密度变大。等离子体密度越大，对激光吸收、散射、折射作用越强，当等离子体密度大于某一阈值时，激光将不能在其中传播，即等离子体对激光产生了屏蔽。在压力舱中进行焊接时，随着压力的增加，附着在金属表面的等离子体被压缩，减少了到达工件表面的能量。因此达到金属表面的激光功率密度远远达不到如上计算的 5.97×10^5 W/cm^2 的理论值。

罗燕等[106] 开展了负压条件下激光焊接过程中光致等离子体动态行为的研究，结果表明常压下光纤激光能量的衰减率约为 11%，当环境压力降至 3kPa 时，等离子体对光纤激光能量的衰减率约为 1%，并得出等离子体对激光能量衰减率的计算公式：

$$E = 1 - \exp\left[- \frac{8\pi^2 r^3 L\alpha P}{10^9 \lambda kT} Im\left(\frac{m^2 - 1}{m^2 + 2}\right) \right] \tag{3.3}$$

式中，k 为玻尔兹曼常数；λ 为入射激光波长；m 为与激光波长有关的复杂折射系数；r 为金属颗粒半径的平均值；L 为入射激光光束路径长度；P 为环境压力；α 为金属蒸气压力在环境压力中的比例系数；T 为金属颗粒的温度；I 为光束通过蒸气羽烟后的辐射强度。式（3.3）表明，随着环境压力的增加，等离子体对激光能量的衰减率也增大，因此在高压环境下进行激光焊接时，等离子体对激光的屏蔽作用比在常压下更强。不同压力环境下激光送丝焊接焊缝的宏观形貌如图 3.26 所示。随着环境压力的增大，焊缝成形性变差，当压力相当于 10m 水深时，焊缝出现了不连续的现象，压力进一步增大，焊缝的不连续现象变得更加严重。

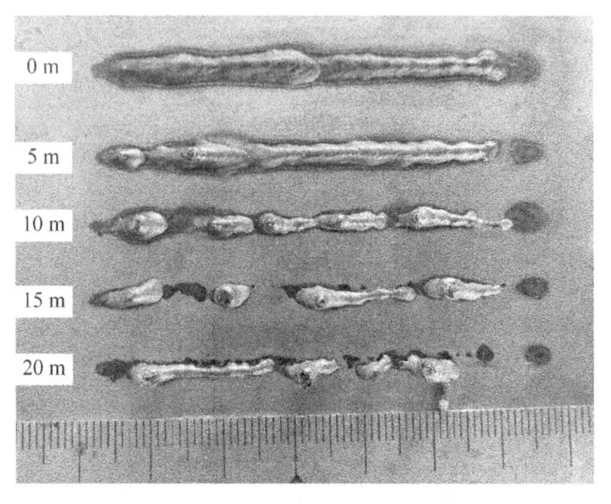

图 3.26　不同压力环境下激光送丝焊接焊缝的宏观形貌

3.6　小结

对 TC4 钛合金水下湿法激光焊接可行性进行了探索，并开展了 TC4 钛合金水下湿法激光焊接的工艺研究，先后进行了自熔焊接、送丝焊接和高压环境下的焊接，主要有以下结论：

（1）自熔焊接时，激光功率、焊接速度对焊接水深的阈值影响较大，而离焦量的影响较小。TC4 钛合金的焊缝呈典型的“钉头形”，等离子体对激光的逆韧致吸收作用在熔池表面和匙孔上部，增大了焊缝表面熔宽。

（2）空气中焊接的 TC4 钛合金焊缝由 α′马氏体相组成，并形成了网篮状的组织，水下焊接的焊缝中除 α′马氏体相外，还有部分残余 β 相。空气中焊接的热影响区远大于水下焊接，热影响区由 α′马氏体相和初始 α 相构成。靠近熔合线一侧 α′马氏体相含量较高。

（3）激光送丝焊接中，激光功率、焊接速度、送丝速度对焊缝成形具有较大的影响：焊缝的熔深受激光功率、焊接速度影响较大；余高主要受送丝速度的影响；熔宽受三者影响较小。

（4）在模拟水深的压力环境下进行焊接时，等离子体受到环境压力的影响被压缩，等离子体密度变大，对激光的屏蔽作用增强，因此随着环境压力的增加，焊接质量变差，当水深达到 40m 以上时，激光功率密度已不足以形成匙孔，激光深熔焊无法维持，焊接模式由深熔焊转变为热传导焊。

第4章

铝青铜水下湿法激光焊接工艺研究

4.1 引言

铝青铜是机械制造中常用的铜合金，从20世纪中叶开始，铝青铜合金已成为现代机械工业中一种不可或缺的合金材料。铝青铜合金在各项性能指标方面均有较好的表现[107-108]，因而在工业制造中应用广泛。铝青铜合金中铝的质量分数一般不超过10%。只含有铜、铝元素的铝青铜，即二元铝青铜，称为简单铝青铜。在实际应用中，简单铝青铜的各项性能往往达不到应用要求，为了提高某些性能，会加入铁、镍、锰、锌等元素，形成多元合金，即复杂铝青铜，目前用于研究与应用的均为复杂铝青铜。

国内外的研究者对于水下湿法焊接工艺做了大量试验，而把激光能量应用于湿法焊接的还不普遍。本部分试验主要研究激光功率 P、焊接速度 v、离焦量 Δf 三个重要焊接参数和不同水深 H 对于焊接的影响，通过总结不同条件下的焊缝成形规律研究水下湿法激光焊接工艺。本部分所有试验均采用激光束垂直基板方式进行，湿法焊接用水均为淡水。

4.2　试验材料与方法

试验材料选用 QAl9-4 铝青铜合金，板材所用尺寸为 80mm×80mm×10mm。板材的化学成分、物理性能和力学性能分别见表 4.1～表 4.3。焊接试验主要采用平板堆焊和平板对接焊的方式，焊接试验系统及材料预处理方法参见第 2.2 节。

表 4.1　QAl9-4 铝青铜化学成分　　单位：(质量分数) %

元素	Cu	Al	Fe	P	Sb	Si	S
含量	≥85	≤9.5	≤3.75	≤0.75	≤0.005	≤0.001	≤0.001

表 4.2　QAl9-4 铝青铜物理性能

密度 ρ /(g/cm^3)	熔点 T_m /℃	电阻率 R /(Ω·mm^2/m)	线膨胀系数 a /(×10^{-6})℃	比热容 C /[J/(kg·K)]
7.5	1049	0.123	13.8～19.0	377

表 4.3　QAl9-4 铝青铜力学性能

性能指标	屈服强度 σ_s /MPa	抗拉强度 σ_b /MPa	伸长率 δ /%	硬度		
				/HB	/HRB	/HV
标准范围	≥200	≥540	≥15	≤160	≤90	≤200

4.3　基板表面水深对焊接的影响

激光参数设置见表 4.4，不同水深时的焊缝宏观形貌如图 4.1 所示。焊缝表面熔宽随水深的增加略有增大，但焊缝均匀性未受到影响。

表 4.4　试验参数设置

激光功率 P /kW	焊接速度 v /（m/min）	离焦量 Δf /mm	水深 H /mm
6	1.8	-2	1～6

（1）当 H=1mm、2mm 时，焊缝表面成形良好，无明显缺陷。这是因为：当水深较浅时，高能量的激光使焊接区域及其附近短时间内达到高温，水分被蒸发或排开，形成局部干燥条件，接近在空气环境中焊接。

（2）当 $H \geqslant$ 3mm 时，焊缝表面明显有气孔出现，焊缝余高明显较大，且随着水深增加，气孔由细小逐渐变大。这是因为：水深的增加一方面增大了焊接区域的水压；另一方面焊接区域附近水量增多，激光在焊接过程的短时间内无法使水全部蒸发、排开，就会有水分入侵液态金属中形成孔洞，而当内部气孔较多时，就会表现为焊缝余高较大。

（3）当 $H \geqslant$ 6mm 时，激光无法在基体表面形成焊缝。由图 2.10 可知，水深在 10mm 以内，激光传输效率可以达到 80% 以上，也就是说在 10mm 以内水深情况下，达到基体表面的激光能量损失很少，从理论上讲完全可以继续进行焊接。然而试验结果表明，当水深达到 7mm 以上时，焊接已经无法进行。有文献[109] 表明，焊接时水中产生大量的气泡，气泡对激光光束传播造成了严重干扰，增加了水体对激光光束的衰减作用；当水深超过 3mm 时，会产生一种对入射激光束有强烈屏蔽作用的等离子体。如何提高激光焊接水深，增强激光焊接的适用范围，需要从减少激光在传输过程中的阻碍因素方面考虑，从而提高激光的利用率。

图 4.2 为不同水深时沿垂直于焊接方向的焊缝横截面形貌。从横截面看，焊缝内部存在较多气孔，水深的增加导致气孔增多，余高同时增大。这说明：在水下焊接过程中有水分进入熔池，而在焊接时水介质与激光作用产生的气体大部分未逸出，水深的增加导致入侵熔池的水量增多，同时也增加了气体逸出的难度，进而使气孔缺陷随水深的增加逐渐增多。

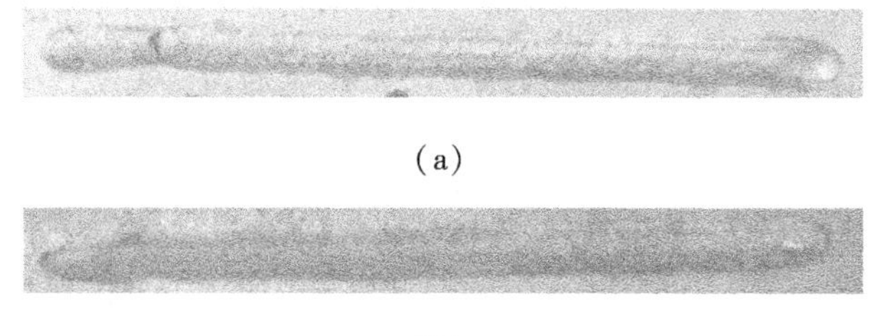

（a）

（b）

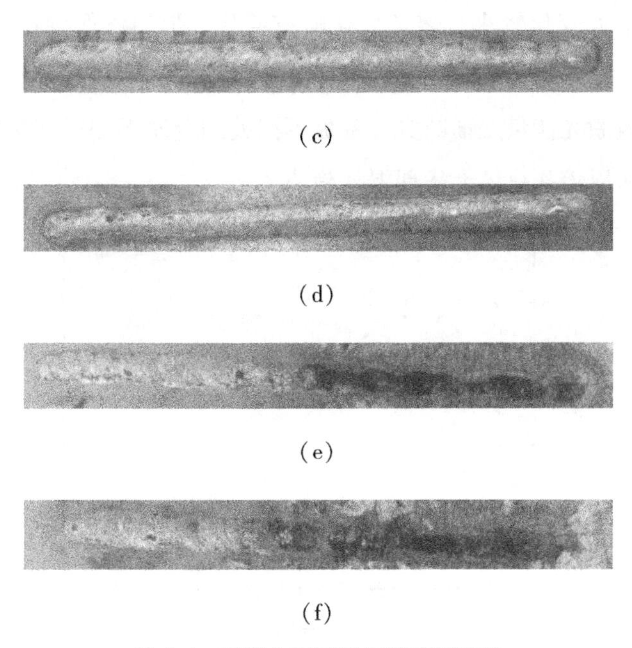

图4.1　不同水深时的焊缝宏观形貌

(a) $H=1$mm；(b) $H=2$mm；(c) $H=3$mm；(d) $H=4$mm；
(e) $H=5$mm；(f) $H=6$mm

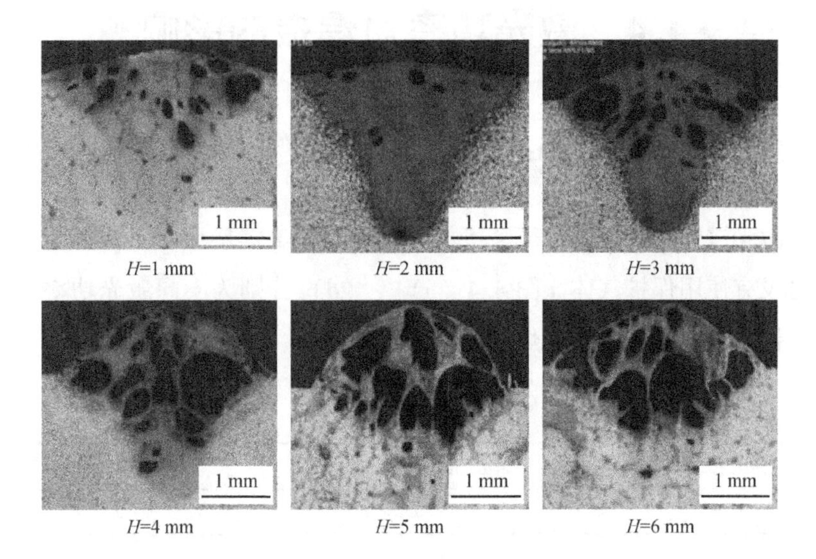

图4.2　不同水深时沿垂直于焊接方向的焊缝横截面形貌

图4.3是熔深、熔宽随水深增加的变化趋势。由图可知，熔宽、熔深随水深增大变化较小。熔宽变化略有起伏，但始终保持在3.5mm上下；熔深变化同样有波动，呈现下降趋势。水深的增加导致作用于焊接熔池的有效激光能量逐渐减少，基板更深处的金属无法得到足够热量以致熔化，所以熔深总体上呈现下降趋势。

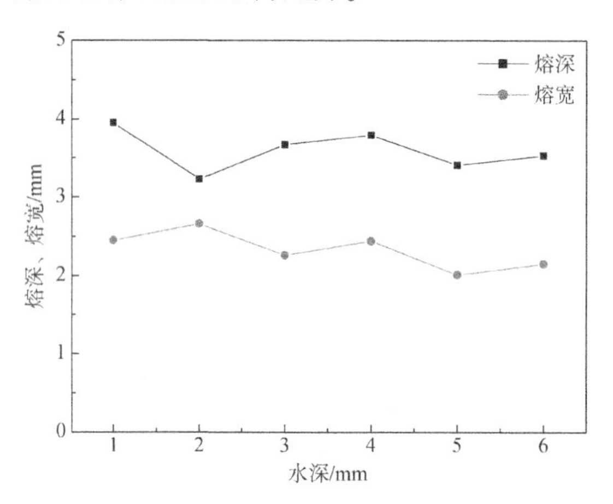

图4.3　熔深、熔宽随水深增加的变化趋势

4.4　激光功率对焊接的影响

4.4.1　空气环境中焊接

激光试验参数设置见表4.5。为与水下湿法焊接形成对比试验，焊接时没有使用保护气体。图4.4（a）～（d）分别为不同激光功率条件下，铝青铜在空气中激光焊接焊缝的宏观形貌。

表4.5　试验参数设置

激光功率 P/kW	焊接速度 v/（m/min）	离焦量 Δf/mm
3，4，5，6	0.3	−2

因为铝青铜在高温下易氧化，所以焊缝表面有黑色氧化物。在各个

激光功率下，焊缝表面均没有出现明显气孔，焊缝熔宽均匀，表面成形良好；当功率增加至 5kW 以上时，焊缝熔宽均匀性变差，且后半段焊缝明显比前半段焊缝的熔宽大，这是因为激光光束在扫描过程中有热量累积，造成后半段焊缝的热输入比前半段大，所以后半段焊缝熔宽较大，均匀性相对较差。

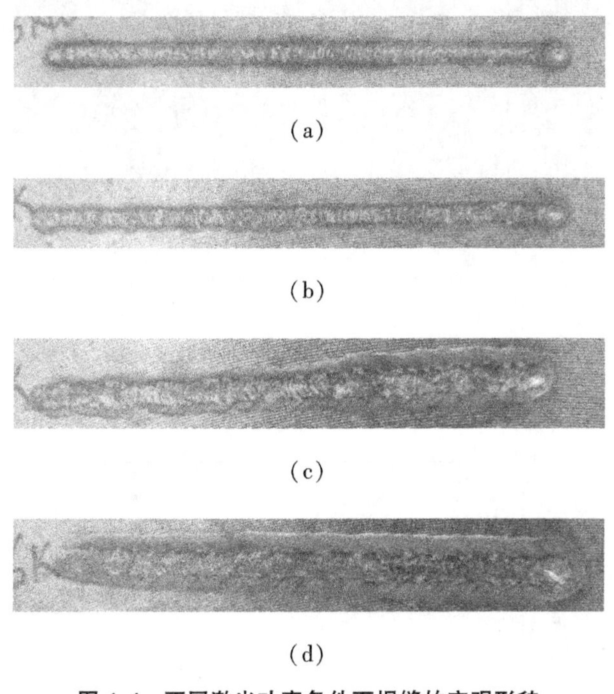

图 4.4　不同激光功率条件下焊缝的宏观形貌

（a）$P=3$kW；（b）$P=4$kW；（c）$P=5$kW；（d）$P=6$kW

图 4.5 中（a）～（d）分别为不同功率条件下激光焊接焊缝横截面，激光功率对熔深、熔宽的影响如图 4.6 所示。激光功率的增加导致焊缝热输入增大，焊缝熔深、熔宽均增加，且深宽比小于 1。由图 4.5 可以看出，所有的焊缝内部都有少量气孔，且位置均处于焊缝熔深底部，说明在焊接过程中有少量气体在熔池冷却凝固前没有逸出，这是激光焊接冷却速度快和铝青铜散热较快造成的。

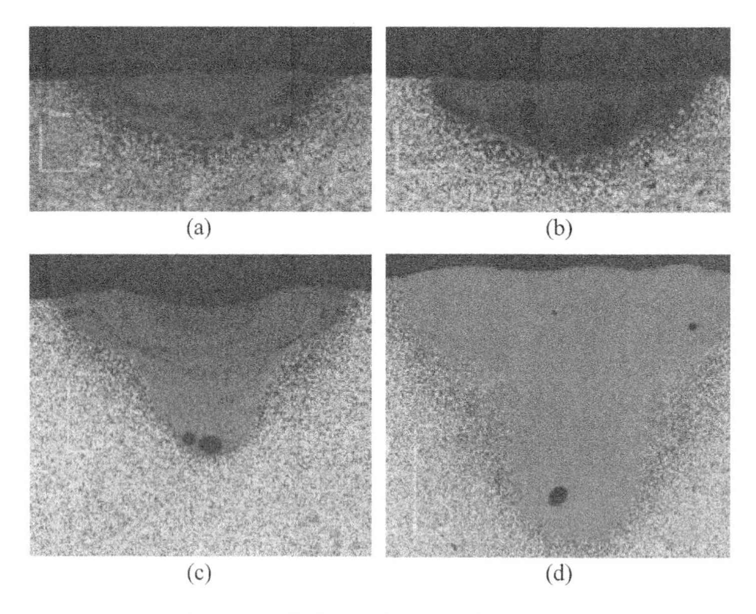

图 4.5　不同激光功率条件下焊缝横截面

（a）$P=3$kW；（b）$P=4$kW；（c）$P=5$kW；（d）$P=6$kW

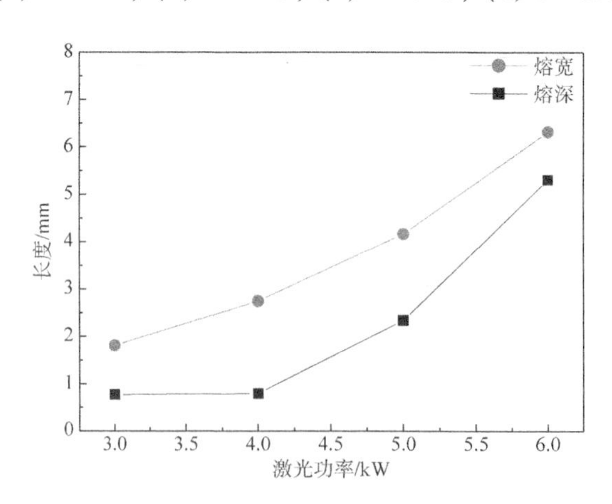

图 4.6　激光功率对熔深、熔宽的影响

4.4.2　水下湿法焊接

激光试验参数设置见表 4.6。不同激光功率条件下铝青铜激光焊接焊缝的宏观形貌如图 4.7 所示。可以看出，各条焊缝均存在余高较大现象，表面有少数气孔，焊缝整体连续而均匀。

表 4.6　试验参数设置

激光功率 P/kW	焊接速度 v (m/min)	离焦量 Δf/mm	水深 H/mm
3，4，5，6	1.8	−2	4

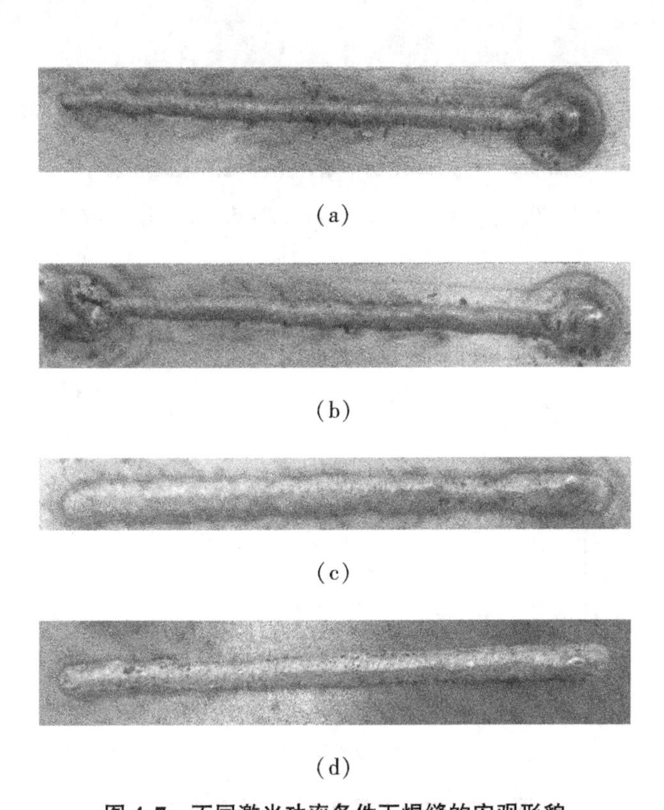

(a)

(b)

(c)

(d)

图 4.7　不同激光功率条件下焊缝的宏观形貌

(a) $P=3$kW；(b) $P=4$kW；(c) $P=5$kW；(d) $P=6$kW

图 4.8 分别为不同激光功率条件下焊缝横截面形貌。激光功率对熔深、熔宽的影响如图 4.9 所示，不同功率下焊缝熔深、熔宽变化不大，但低功率下的焊缝比高功率的窄。说明湿法焊接时激光功率的增加对于焊缝熔深的增加帮助不大，高功率时多出的热量多被用于拓宽焊缝，而没有向熔池更深处流动。焊缝内部气孔现象依然十分严重，各焊缝气孔面积占比均在 50% 以上。

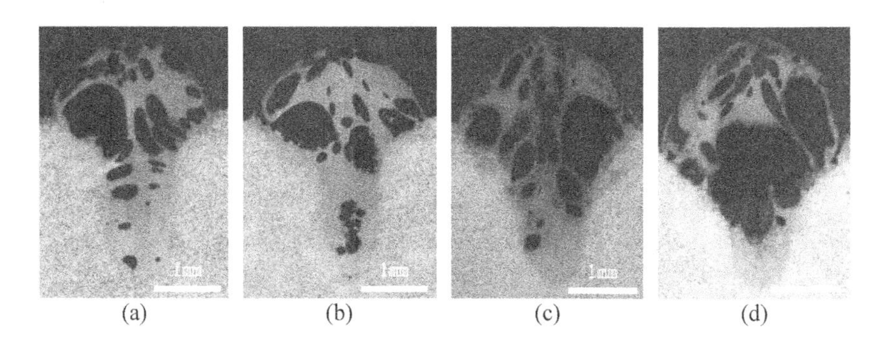

图 4.8　不同激光功率条件下焊缝横截面形貌

（a）$P=3$kW；（b）$P=4$kW；（c）$P=5$kW；（d）$P=6$kW

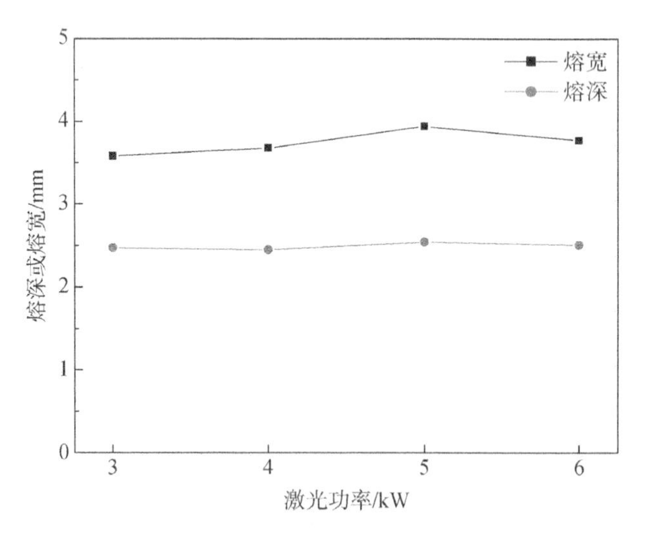

图 4.9　激光功率对熔深、熔宽的影响

4.5　焊接速度对焊接的影响

4.5.1　空气环境中焊接

激光试验参数设置见表 4.7。铝青铜激光焊接焊缝的宏观形貌如图 4.10 所示。焊接速度的增加时，焊缝表面的黑色氧化物由多变少，这是因为焊接速度的提高降低了激光作用在焊缝上的能量密度，使氧化现象得到改善。当焊接速度为0.3m/min和0.6m/min时，焊缝表面及其附近基体氧化严重，且焊缝熔宽较大；当焊接速度增加至0.9m/min时，焊缝表面及其附近基体氧化现象明显减少，焊缝也明显变窄，焊缝熔宽形成也更为均匀；当焊接速度进一步增加至1.2m/min时，焊缝熔宽形成均匀，焊缝表面形成良好。

表4.7　试验参数设置

激光功率 P/kW	焊接速度 v (m/min)	离焦量 Δf/mm
6	0.3~1.2	-2

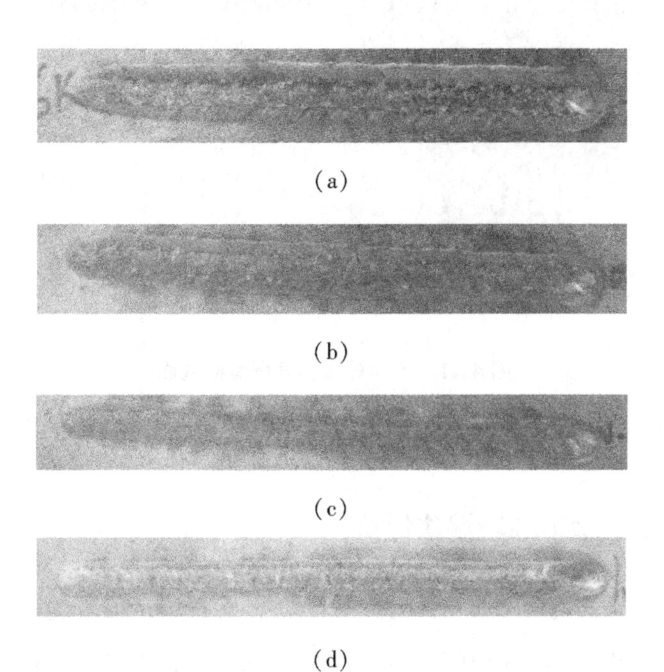

(a)

(b)

(c)

(d)

图4.10　不同焊接速度焊缝宏观形貌

(a) 0.3m/min；(b) 0.6m/min；(c) 0.9m/min；(d) 1.2m/min

图4.11为不同焊接速度激光焊接焊缝横截面，熔深熔宽变化趋势如图4.12所示。焊接速度的增加，使得熔深、熔宽均减小，且深宽比小于1。结合激光功率的试验结果可知，激光的功率密度越大，焊缝熔

深熔宽越大，且始终保持熔宽大于熔深。从横截面可以看出，焊缝中气孔直径逐渐减小，当焊接速度为 1.2m/min 时焊缝中没有气孔出现。

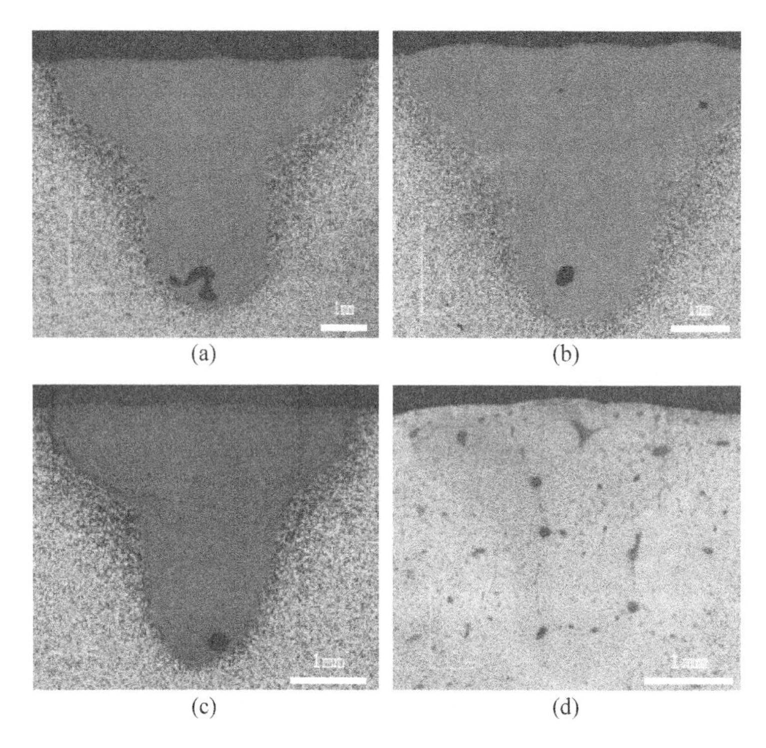

图 4.11　不同焊接速度焊缝横截面

（a）0.3m/min；（b）0.6m/min；（c）0.9m/min；（d）1.2m/min

4.5.2　水下环境湿法焊接

激光参数设置见表 4.8，图 4.13 为不同焊接速度时焊缝形貌。可以看出：①当焊接速度 v=0.3m/min、0.6m/min 时，焊缝成形差，表面起伏较大，有许多较大气孔，且焊缝附近氧化严重；②焊接速度增大使得焊缝变得均匀，余高减小，表面气孔略有减少且较为细小，氧化现象也有所改善。这是因为铜的热膨胀率很高，在与多数其他材料冶金结合时容易产生缺陷，在焊接速度低、基体吸收激光能量较多时，基体膨胀剧烈，随着焊接速度提高，吸收能量减少，基体受热时间短，在水环境中冷却速度又快的情况下，基体膨胀减弱，表现为焊缝成形趋于良好。

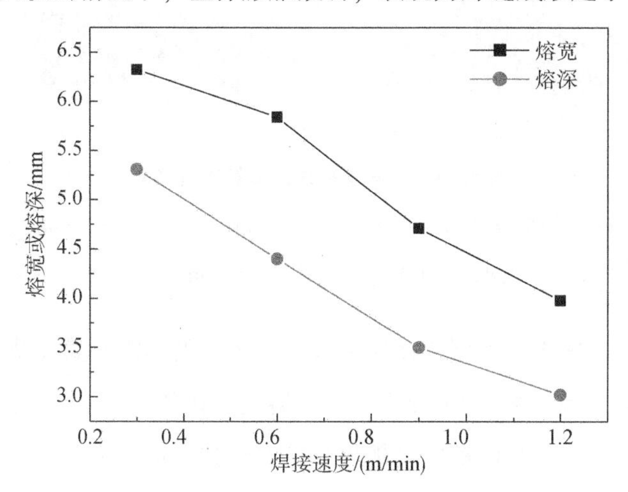

图 4.12　焊接速度对熔深熔宽的影响

表 4.8　试验参数设置

激光功率 P/kW	焊接速度 v(m/min)	离焦量 Δf/mm	水深 H/mm
6	0.3~2.4	−2	4

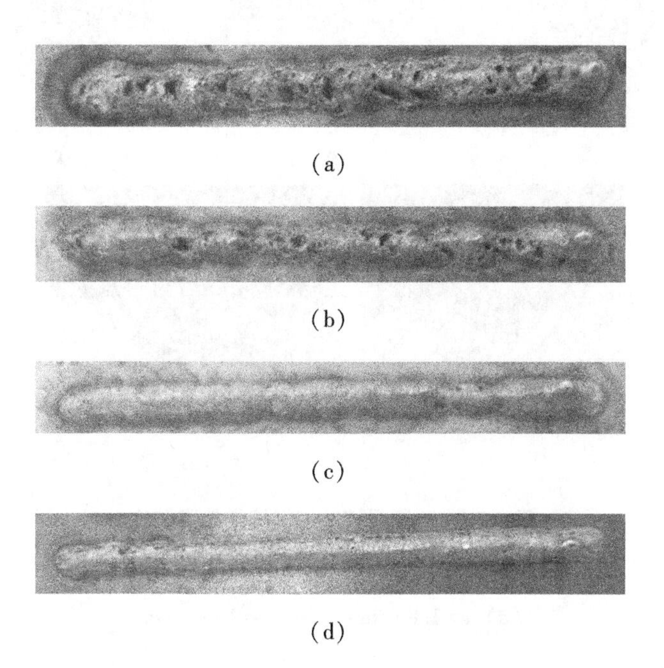

(a)

(b)

(c)

(d)

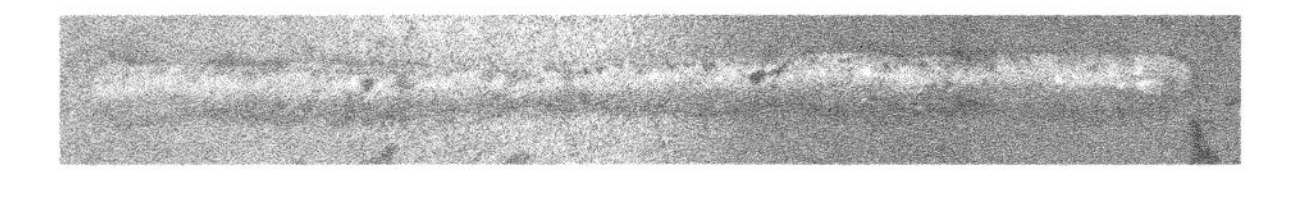

(e)

图 4.13　不同焊接速度焊缝宏观形貌

(a) $v=0.3$m/min；(b) $v=0.6$m/min；(c) $v=1.2$m/min；

(d) $v=1.8$m/min；(e) $v=2.4$m/min

在水下环境中，不同焊接速度条件下所得到的沿垂直于焊接方向的焊缝横截面形貌如图 4.14 所示，熔深熔宽变化如图 4.15 所示。从横截面图可以看出：焊缝内部缺陷现象并没有因为焊接速度的变化而有所改善。这说明图焊缝缺陷逐渐减少只是焊缝表面形貌的改善，而内部气孔并没有减少，即提高焊接速度对提高焊缝质量帮助不大。

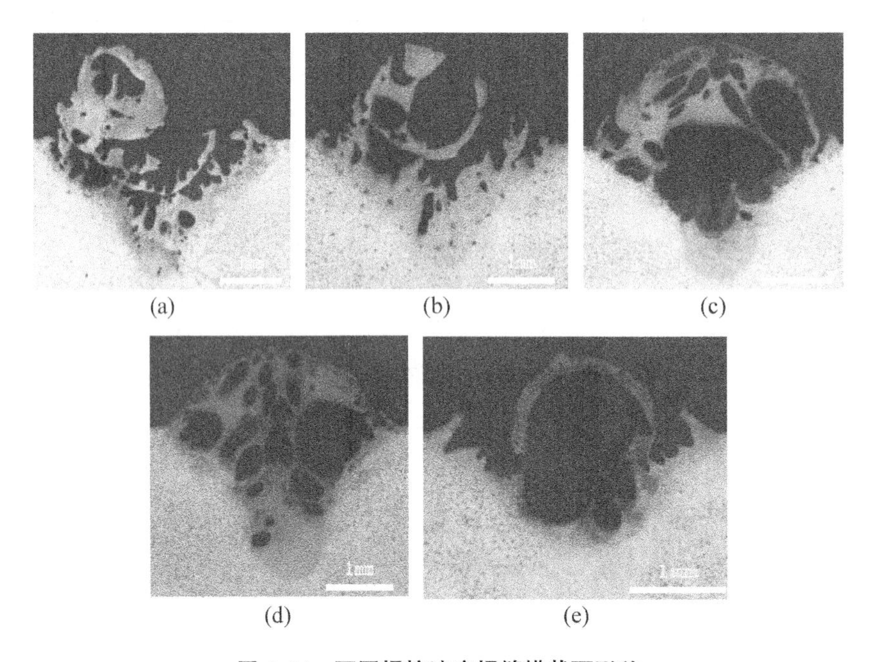

图 4.14　不同焊接速度焊缝横截面形貌

(a) $v=0.3$m/min；(b) $v=0.6$m/min；(c) $v=1.2$m/min；

(d) $v=1.8$m/min；(e) $v=2.4$m/min

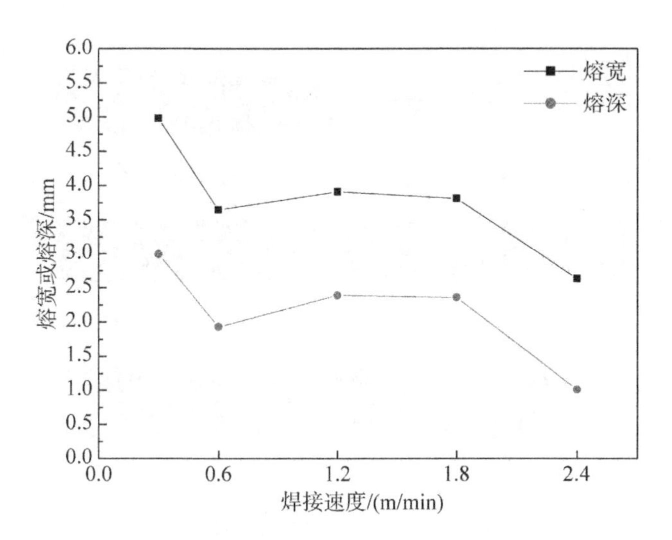

图 4.15　焊接速度对熔深熔宽的影响

4.6　离焦量对焊接的影响

4.6.1　空气环境中焊接

激光试验参数设置见表 4.9，不同离焦量焊缝形貌如图 4.16 所示。在离焦量不同的情况下，焊缝表面均有较为良好的成形，没有太大区别。

表 4.9　试验参数设置

激光功率 P/kW	焊接速度 v(m/min)	离焦量 Δf/mm
4	1.2	-2，-1，0，1，2

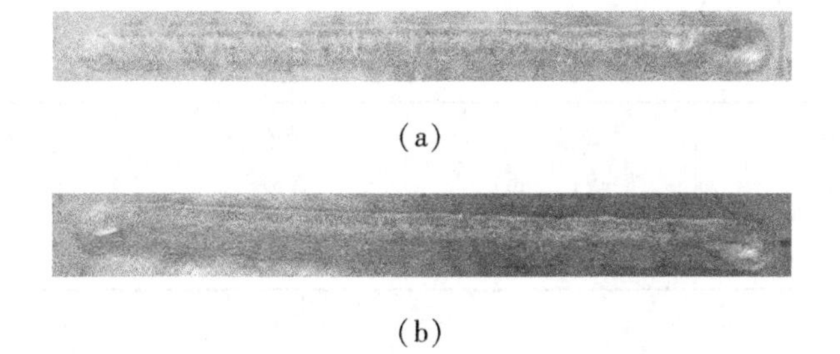

(a)

(b)

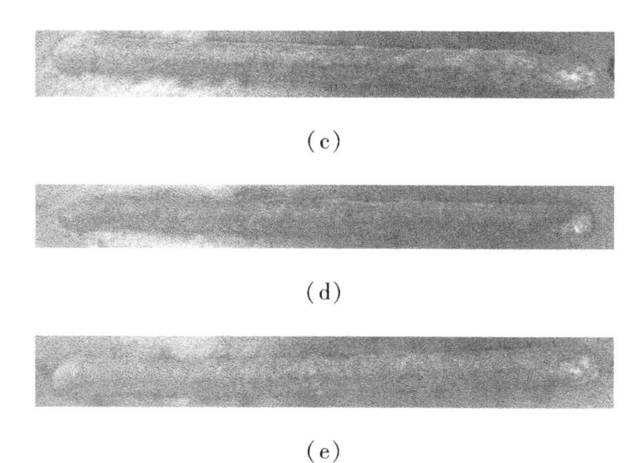

(c)

(d)

(e)

图 4.16 不同离焦量焊缝宏观形貌

(a) $\Delta f=-2$mm；(b) $\Delta f=-1$mm；(c) $\Delta f=0$mm；(d) $\Delta f=1$mm；(e) $\Delta f=2$mm

图 4.17 为不同离焦量条件下激光焊接时所得到的焊缝横截面。不同离焦量对熔深、熔宽尺寸及变化趋势如图 4.18 所示。由图可见，随离焦量变化，熔宽呈对称分布，且尺寸差距较小，即激光焦点在基体表面以上还是以下对熔宽影响不大；与熔宽相比，离焦量对熔深影响较大，随着激光焦点由基体表面以上 2mm 逐渐降低到基体表面以下 2mm，熔深由最大的 4.69mm 逐渐减小至最小的 3.03mm。

4.6.2 水下湿法焊接

水下湿法焊接激光试验参数设置见表 4.10，不同离焦量焊缝宏观形貌如图 4.19 所示。各个离焦量下焊缝整体上连续、均匀，但焊缝表面均有较大余高，表面存在数个明显气孔。

表 4.10 试验参数设置

激光功率 P/kW	焊接速度 v (m/min)	离焦量 Δf/mm	水深 H/mm
4	0.9	-2，-1，0，1，2	4

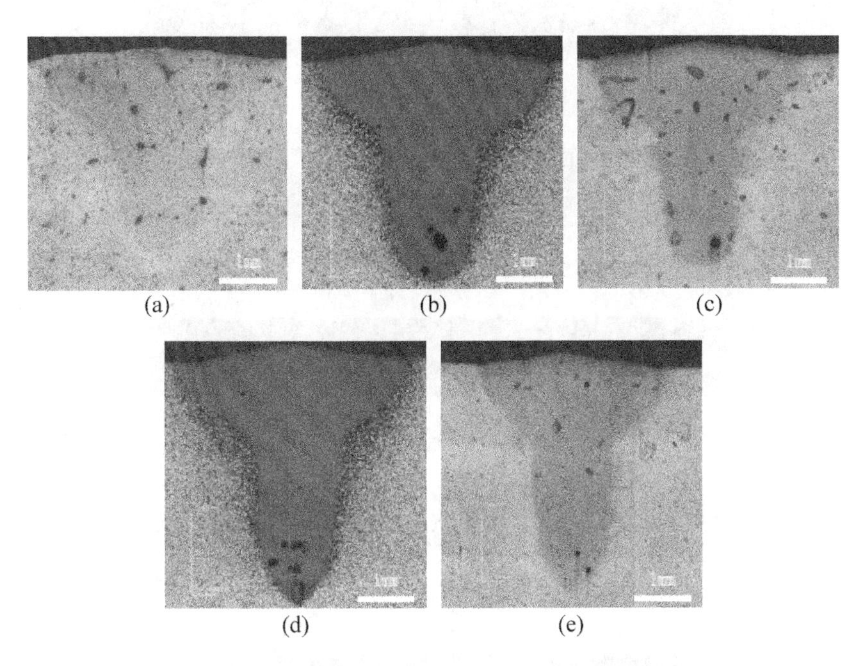

图 4.17　不同离焦量条件下激光焊接焊缝横截面

（a）Δf=2mm；（b）Δf=1mm；（c）Δf=0mm；

（d）Δf=1mm；（e）Δf=2mm

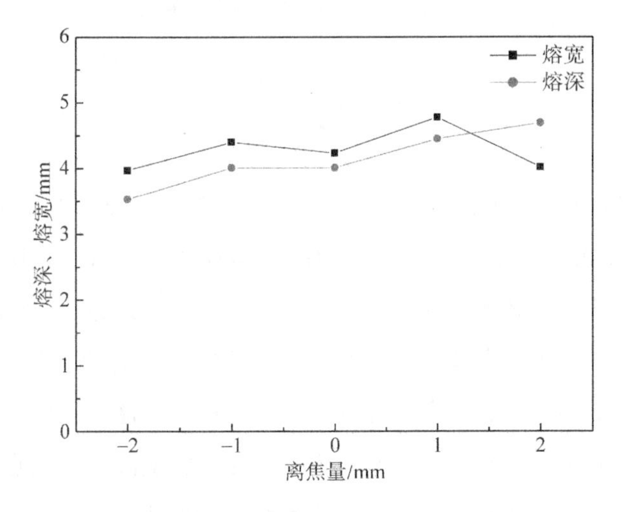

图 4.18　离焦量对熔深、熔宽的影响

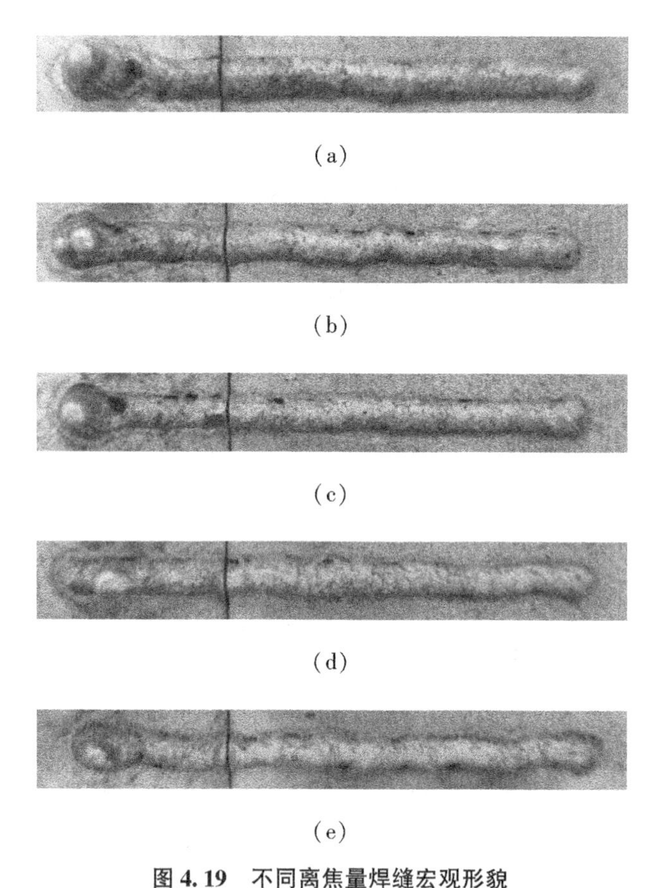

(a)

(b)

(c)

(d)

(e)

图 4.19　不同离焦量焊缝宏观形貌

(a) Δf=2mm；(b) Δf=1mm；(c) Δf=0mm；

(d) Δf=-1mm；(e) Δf=-2mm

图 4.20 分别为不同离焦量条件下的焊缝横截面，离焦量对熔深、熔宽的影响如图 4.21 所示。各焊缝内部均存在大量气孔缺陷，离焦量变化对气孔现象的影响不大。而熔深熔宽大小随离焦量变化几乎持平。理论上，一般情况下负离焦量有助于增加熔深，而试验结果却是熔深增加不明显。分析认为，使用激光进行湿法焊接时，激光接触水面会发生折射现象，从而使得负离焦时激光焦点下移，即实际激光焦点会比进行试验时设置的位置更低，因此导致熔深增加不明显。

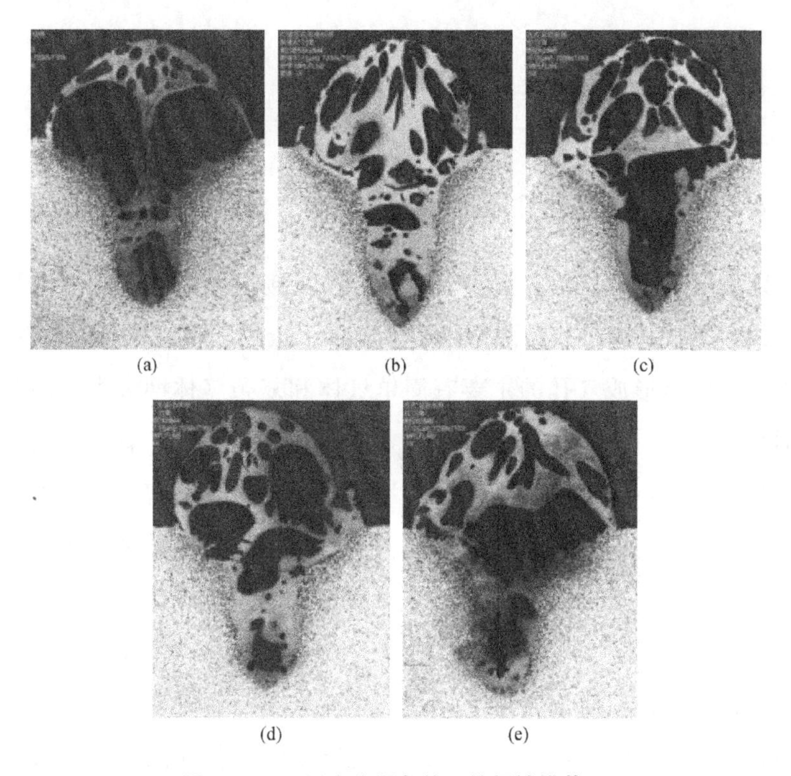

图 4.20　不同离焦量条件下的焊缝横截面

（a）$\Delta f=2$mm；（b）$\Delta f=1$mm；（c）$\Delta f=0$mm；（d）$\Delta f=1$mm；（e）$\Delta f=2$mm

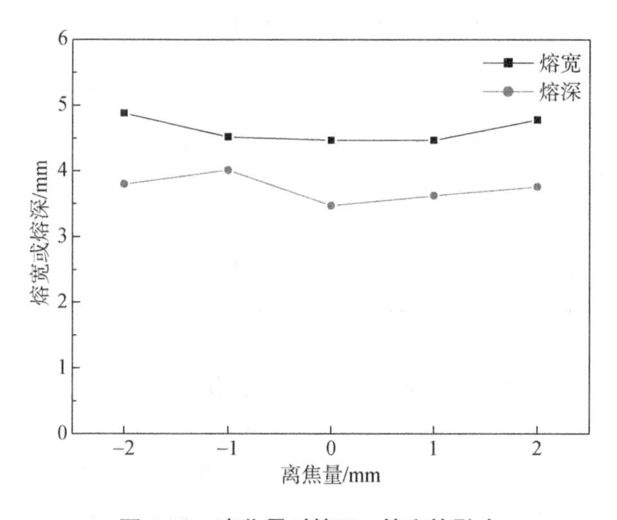

图 4.21　离焦量对熔深、熔宽的影响

4.7 讨论

4.7.1 关于气孔性质的讨论

试验结果显示，铝青铜水下湿法激光焊接焊缝内部会出现大量的气孔，在空气环境中焊接焊缝中也会出现少量的气孔。查阅资料得知，在焊接时可能形成气孔的主要有简单气体和复杂气体两大类。简单气体通常有氧气（O_2）、氮气（N_2）、氢气（H_2）等，复杂气体通常有一氧化碳（CO）、水蒸气（H_2O）、二氧化碳（CO_2）等。对于本研究湿法焊接存在的大面积气孔的情况，分析认为气孔主要是由水蒸气引起的，原因主要有以下两方面：一方面与空气环境焊接相比，水下环境焊接外部环境不同，因此认为水是引起湿法焊接气孔的主要因素；另一方面是气体溶解度，以上几种气体在水中的溶解度可以通过查阅资料得到[110]，见表 4.11。除了二氧化碳以外，其他四种气体溶解度都很小，属于难溶于水的气体，即使是可溶于水的二氧化碳在每 100g 水中的含量也只有 0.169g，所以湿法焊接的大面积气孔不可能是由这几种气体造成的。综合两方面考虑，得出结论：湿法焊接焊缝内部气孔主要是水蒸气气孔。

表 4.11 几种气体在水中的溶解度

气体	CO_2	H_2	O_2	N_2	CO
溶解度 /[g/(100g H_2O)]	0.169	0.000 16	0.004 3	0.001 9	0.002 8

4.7.2 关于气孔形成与分布的讨论

由湿法焊接气孔主要是水蒸气气孔可以知道，按照气孔类型应属于入侵型气孔，气孔尺寸及位置分布也符合入侵型气孔的特征，如图 4.22

所示。在侵入液态金属的气体聚集后压力会增大，气泡向外扩张，气泡长大到一定程度后会脱离原来依附的位置向上浮。气泡上浮的速度通常与多种因素有关，若气泡上浮到脱离熔池表面所需要的时长大于熔池结晶所需时间，气泡被迫留在焊缝内部形成孔洞。湿法焊接时，水的存在使金属散热迅速，熔池结晶速度远大于在空气环境中的结晶速度，因此湿法焊接内部往往存在大量气孔缺陷。

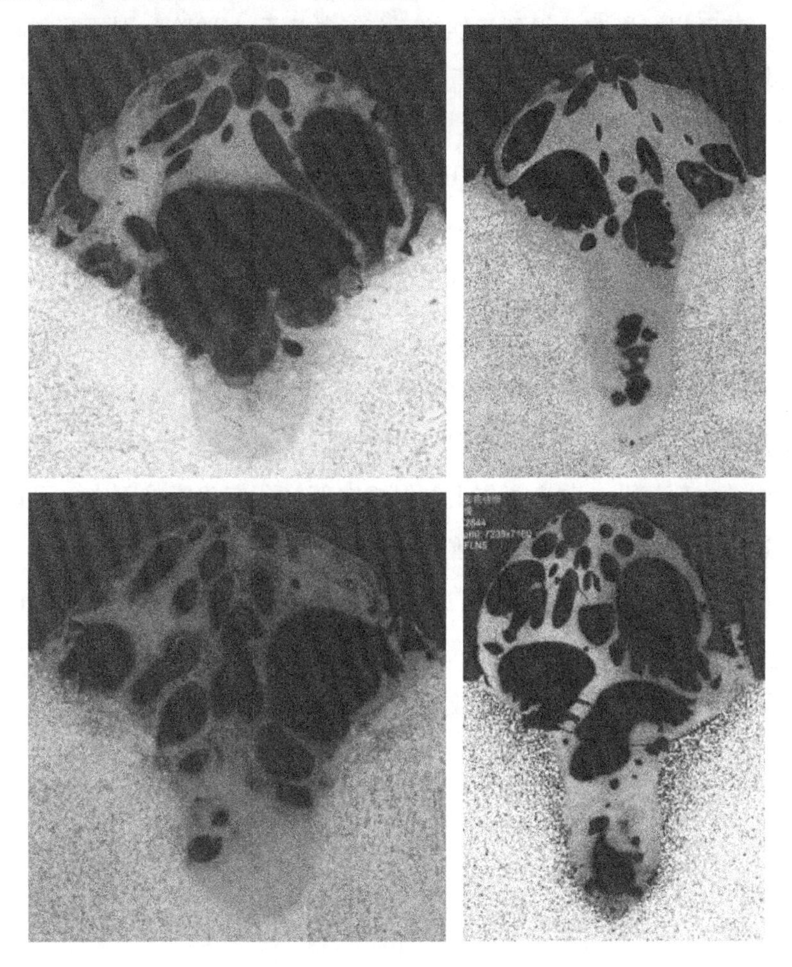

图 4.22　几种典型的横截面气孔分布

在熔池冷却过程中，表面金属直接与水接触，散热最快，是最先凝固的部分。因此气体在接近表面的部分不易流动和扩散，而内部金属温度较高，流动性好，气体容易扩大，因此尺寸较大的气孔总是分布于焊缝内部，而尺寸较小的气孔分布于焊缝表面。

4.8 小结

影响铝青铜水下湿法激光焊接效果的工艺参数较多，为了深入了解焊接工艺对焊缝影响，得到最佳的工艺参数匹配，试验分别研究了在空气环境和水下环境焊接时四个重要参数对焊缝成形的影响，主要结论有以下 3 点。

(1) 在空气环境中进行铝青铜激光焊接焊缝成形较好，焊缝表面没有明显缺陷，激光功率密度和焊缝尺寸成正比关系；离焦量对熔宽影响较小，对熔深影响较大。

(2) 在水下环境中进行铝青铜湿法激光焊接，焊缝内部会出现大量气孔。水深增加会导致气孔增多；激光功率增加不能减少气孔，对于焊缝熔深的提高帮助不大；提高焊接速度可以改善焊缝表面形貌，但无法减少焊缝内部气孔，改变离焦量对焊缝内部气孔变化影响不大。可以推断，通过调节焊接参数无法改善气孔现象。

(3) 通过对几种可能导致气孔的气体进行了讨论分析，认为湿法焊接气孔主要是由水蒸气引起的入侵型气孔。气孔分布特点为：尺寸较大的气孔分布于焊缝内部，尺寸较小的气孔分布于焊缝表面。

第5章

921A钢水下湿法激光填丝焊接工艺研究

5.1 引言

激光填丝焊接是在进行激光焊接的同时向焊缝填充焊丝，可以降低激光焊接对坡口加工和装配精度的要求，并能够补充烧损金属，起到增强抑制焊接缺陷等作用。本部分以921A钢为母材，构建高压激光焊接试验舱系统及水下激光焊接试验平台，进行了水下激光填丝焊接排水装置设计及制造，对不同焊接参数及焊接环境下水下湿法激光填丝焊接焊缝成形规律进行了系统研究，对成形焊缝进行了性能检测与分析，研究成果在一定程度上促进该技术的推广及工业应用。

5.2 水下激光填丝焊接试验系统

对第2.2节水下激光填丝焊接试验舱进行部分改造，如图5.1所示，当进行常压水下激光填丝焊接试验时，焊接试验舱处于开启状态，舱内压力为常压；进行加压条件下的水下激光填丝焊接试验时，首先打开空气压缩机给储气罐充气，通过压力表能够准确获知罐内气体压力，做好试验准备之后，关闭高压焊接试验舱，将储气罐中的高压气体充入焊接试验舱，根据压力表的显示对舱内气压进行调整。高压焊接试验舱系统可以提供0.1~0.6MPa的压力环境。

图5.1 水下激光填丝焊接试验舱

高压舱内多功能焊接试验平台采用龙门式结构，该平台主要由横梁X轴、底架Y轴、由龙门架组成的Z轴以及送丝装置构成，实物图如图5.2所示。龙门式结构具有易于操控且运行稳定的特点，平台可实现横梁上下移动、左右移动和工作台前后移动，平台各个轴由丝杠导轨组成，受力均匀稳定，定位精度高。

激光焊接头通过连接板安装在横梁X轴上，通过直线运动丝杠导轨的带动，可以沿X轴方向做直线往复运动。同时X轴连接板上还有送丝调节装置，X轴通过转接块与Z轴相连，X轴在Z轴上可以沿垂直方向做直线往复运动。待焊钢板固定于Y轴上方的底板，其可以沿Y方向做直线往复运动。图5.3为高压焊接试验舱内部运动平台三维示意图。该水下激光焊接平台可以实现激光焊接头在高压舱内的自由移动，满足水下被焊工件的快速准确定位和实时焊接维修需求，增强了焊接工艺适应性和焊接的灵活性。平台的控制系统采用欧姆龙NY5300IPC数控系统，并整合NC功能和PLC功能同步进行，提高了运动平台的速度及调节精度，提升了复杂焊接路径的焊接效率和焊接精度。

图 5.2　高压舱内多功能焊接试验平台

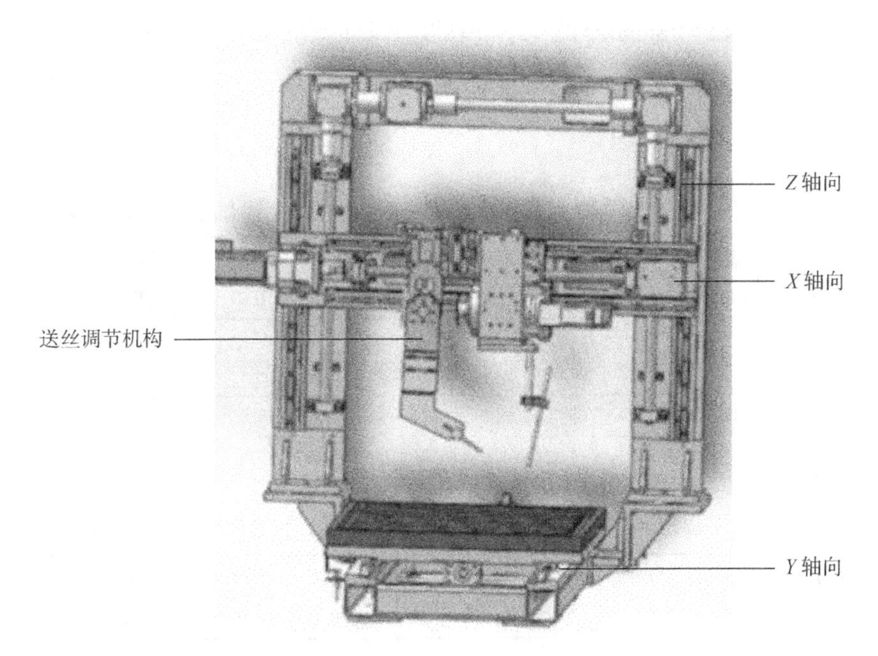

图 5.3　高压焊接试验舱内部运动平台三维示意图

试验采用切向进气以获得层流或流束状气，45°前端送丝，进行水下湿法激光填丝焊接试验（图 5.4）。

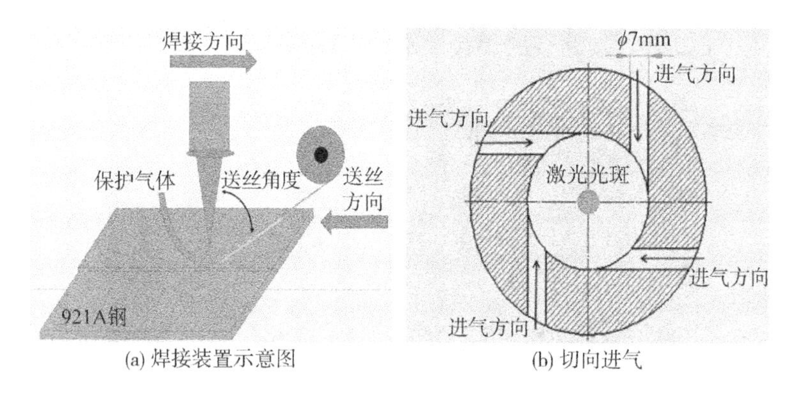

(a) 焊接装置示意图　　(b) 切向进气

图 5.4　921A 钢激光填丝焊接示意图

5.3　试验材料与方法

试验母材为 8mm 厚的 921A 钢板，其主要化学成分和力学性能见表 5.1 及表 5.2，采用型号为 WM960S 的焊丝，其主要化学成分和力学性能见表 5.3 和表 5.4。

表 5.1　921A 钢主要化学成分　　单位：(质量分数) %

元素	C	Si	Mn	S	Ni	Cr	Mo	V
含量	0.027	0.23	0.44	0.001	2.73	1.01	0.25	0.07

表 5.2　921A 钢主要学性能

断面伸长率/%	伸长率/%	抗拉强度/MPa	屈服强度/MPa
73	21.6	743	696

表 5.3　WM960S 焊丝主要化学成分　　单位：(质量分数) %

元素	C	Si	Mn	S	Ni	P	Cr	Mo	V
含量	0.05	0.60	1.60	0.001	2.80	0.015	0.20	0.30	0.10

表 5.4　WM960S 焊丝主要力学性能

抗拉强度/MPa	屈服强度/MPa	伸长率/%	断面收缩率/%
655	745	18	50

焊接母材试样尺寸为 120mm×80mm×8mm，焊接前用砂纸打磨试样，去除氧化膜后，用酒精擦拭去除油污等。

5.4　水下湿法成形工艺研究

5.4.1　水深的影响

为了揭示直接湿式环境对激光填丝焊接质量的影响，进行了水下湿法激光填丝焊的工艺试验。在相同的焊接工艺参数条件下，水深是影响湿法激光填丝焊接质量最重要的因素。湿式水深的增加会使激光入射水中时的能量损失增加，达到工件表面的激光能量减小，降低焊接的能量输入，导致焊缝成形质量下降。因此有必要针对湿式水深对激光填丝焊接过程稳定性的影响规律进行研究。

图 5.5 为 1~4mm 水深下的激光填丝焊缝成形照片。由图可知，随着水深的增加，焊缝表面成形质量逐渐变差。当水深 1mm 时，此时焊缝表面形貌与空气中焊接比较相似，当水深大于 1mm 时，焊缝表面出现起伏、断续的现象，成形质量很难保证，但激光填丝焊接尚可进行。当水深 3mm 时，激光熔化焊丝后的熔融金属不能有效沉积在基材表面，焊丝不熔化、焊缝不完整等缺陷变得越来越严重，已经不能形成稳定一致的熔池和焊缝。当水深达到 4mm 时，入射的激光已经不能正常熔化焊丝，且部分熔化的焊丝也无法在母材表面形成焊缝，对应的水下湿法激光填丝焊接已经很难进行。同时，由获得的焊缝宏观成形照片还可以看出，水下激光填丝焊接的焊缝表面都存在不同程度、高低不平的波动。这是由于焊丝在水中被激光直接熔化，同时熔池也完全位于水中。焊丝熔滴和熔池同时受到水的快速冷却，凝固时间大幅缩短，熔滴的铺展性和熔池的流动性都变差，熔化金属无法完成铺展成形，造成焊缝表面不连续。

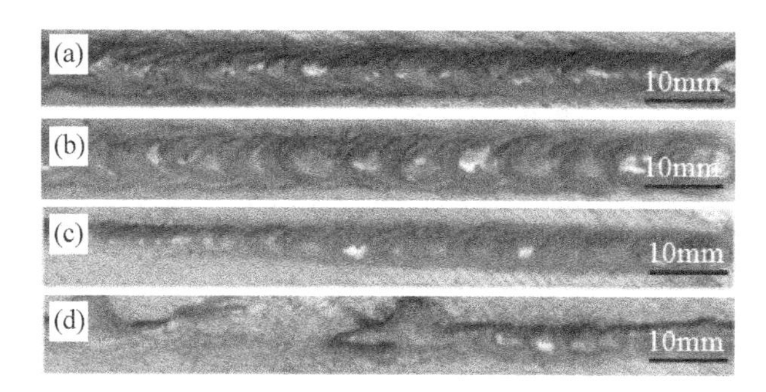

图 5.5　不同水深激光填丝焊接表面形貌

(a) 水深 1mm；(b) 水深 2mm；(c) 水深 3mm；(d) 水深 4mm

5.4.2　环境压力对水下湿法激光焊接成形质量的影响

在水下环境进行湿法激光填丝焊接时，除了母材上方直接水深的影响外，为模拟实际不同水深而施加的环境压力对焊接成形过程也有显著影响。随着水深压力增大，焊接熔池位置的压力也逐渐增大，对熔池的热量传输、熔池流动和熔滴的尺寸都有影响，从而影响水下湿法激光填丝焊接成形质量。通过对高压焊接试验舱施加不同的气体压力模拟不同的水深。试验中保持激光功率 3.5kW，离焦量 20mm，焊接速度 300mm/min，送丝速度 120cm/min，水深 1mm 等工艺参数的数值不变，仅通过改变环境压力，探究压力数值的变化对水下湿法激光填丝焊缝成形的影响规律。

图 5.6 为不同环境压力对应的焊缝宏观形貌，图中的压力值是表压大小。从图中可知，虽然实际施加的环境压力不同，但由于母材上方的湿式水深是 1mm，湿式水深对激光能量的削弱作用相同，因此，5 组条件下焊缝表面的形貌基本相同，都比较平滑均匀，没有明显裂纹气孔等缺陷；图 5.7 为测量得到的不同压力条件下焊缝熔宽及堆焊高度的变化曲线。由图可知，焊缝熔宽随压力增加逐渐减小，堆焊高度随压力增加而略有升高。产生这种现象的原因是：压力升高增加了熔融金属的流动阻力，熔池金属的铺展性降低，导致焊缝熔宽减小；而由于焊接速度和

送丝速度相同，单位时间内熔化的焊丝金属相同，在熔宽减少的情况下，焊缝的堆焊高度则相应地略有增加。

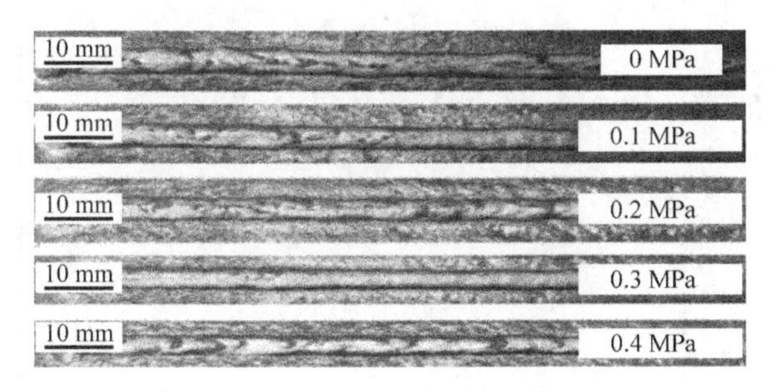

图 5.6　不同压力下水下湿法激光填丝焊缝形貌

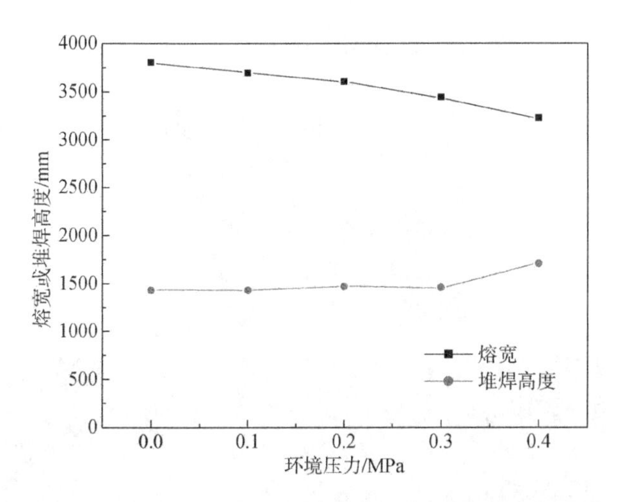

图 5.7　不同压力条件下焊缝熔宽及堆焊高度的变化曲线

对环境压力 0. 1MPa 的焊缝每隔 0. 3mm 进行一次硬度测试，结果如图 5. 8 所示。由图可知，焊缝中心硬度较高，这与焊丝材料有关，从熔合线到母材方向，硬度先增加后减小，降低到 300HV 以下区域基本波动不大，可以推测热影响区周围生成组织。由此可知水下激光填丝焊接组织软化区较小，焊接接头强度下降不大。对该环境下的焊缝组织进一步分析如图 5. 9 所示，可见焊缝的金相组织为等轴晶针状马氏体组织，熔合区晶粒粗大，从焊缝金相组织来看，焊缝中心组织细小，强化效果较好，对于水下激光焊接条件下具有较好的工艺适应性。

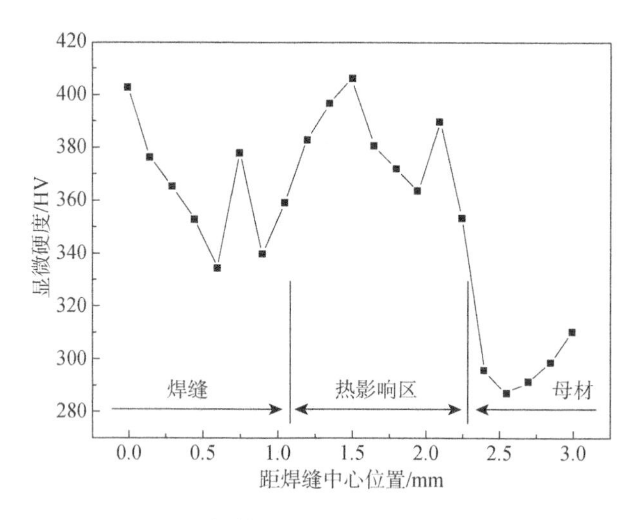

图 5.8　焊缝显微硬度分布（0.1MPa）

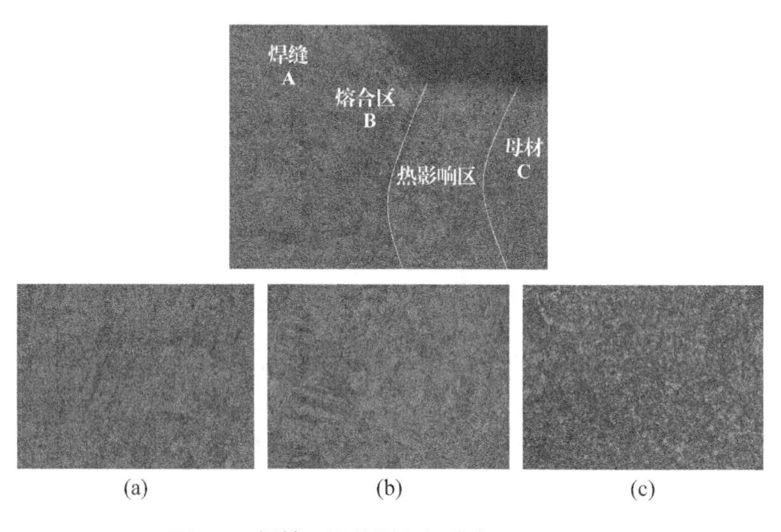

图 5.9　焊缝不同位置组织分布（0.1MPa）

（a）A 位置；（b）B 位置；（c）C 位置

5.4.3　焊接速度对高压水下湿法焊接焊缝成形影响

为了验证焊接速度对焊缝成形和熔深熔宽的影响，试验中固定激光功率 3.5kW、送丝速度 100cm/min，压力 0.1MPa、离焦量 20mm，通过改变焊接速度在试样表面进行堆焊。结果如图 5.10、图 5.11 所示。

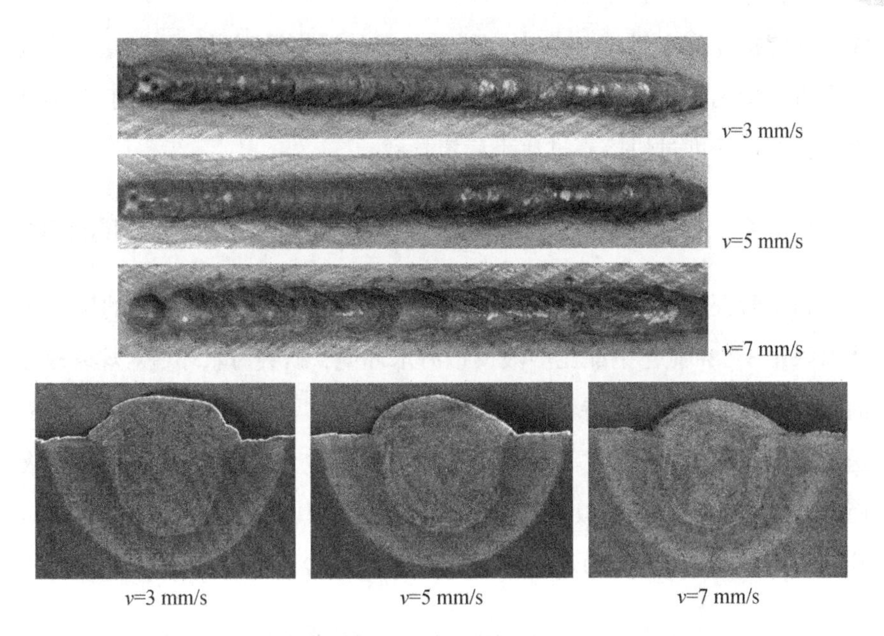

图 5.10　不同焊接速度下水下湿法高压激光填丝焊缝形貌

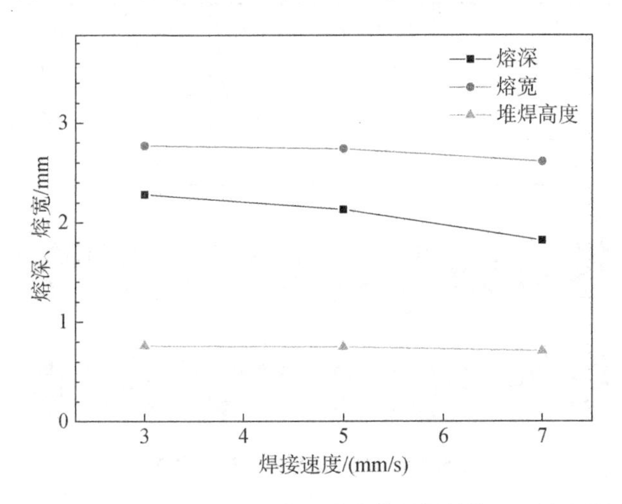

图 5.11　焊接速度对水下湿法高压激光填丝焊缝熔深、熔宽的影响

从图中可以看到，随着焊接速度的增大，焊缝均匀性变差，熔宽由 5. 35mm 减小至 5. 27mm，熔深从 1. 8mm 减小到 1. 57mm，堆焊层高度从 0. 71mm 增加到 0. 81mm。可以看出焊接速度越慢焊丝在试件表面铺展得更好，而焊缝熔宽受焊接速度的影响不大；降低焊接速度可以增加熔深，在焊接速度小于5mm/s时，增加熔深效果变得不明显。焊缝表面成形变得不均匀，从焊缝截面形貌可看到焊缝发生偏离。这是由于焊接过程中，焊接速度过快熔滴过渡不稳定导致。

5.4.4 高盐环境对水下湿法激光焊接焊缝成形质量的影响

为了验证海水环境对水下湿法激光填丝焊接焊缝成形质量的影响规律，采用3.5%氯化钠配比溶液模拟海水环境，研究海水环境对焊缝成形的影响规律。试验中保持激光功率 $P=3.5$kW、焊接速度 $v=300$mm/min、送丝速度 $v_f=120$cm/min 等参数恒定，通过改变水的盐度环境在试样表面进行堆焊，以此来模拟海水环境对激光填丝焊接工艺的影响规律，试验参数见表5.5，所得的焊缝表面形貌如图5.12所示。

表5.5 模拟海水环境试验工艺参数

序号	激光功率/kW	离焦量/mm	焊接速度/(mm/min)	压力/MPa	水深/mm	送丝速度/(cm/min)	NaCl含量/%
(a)	3.5	20	300	0	1	120	0
(b)	3.5	20	300	0	1	120	3.5

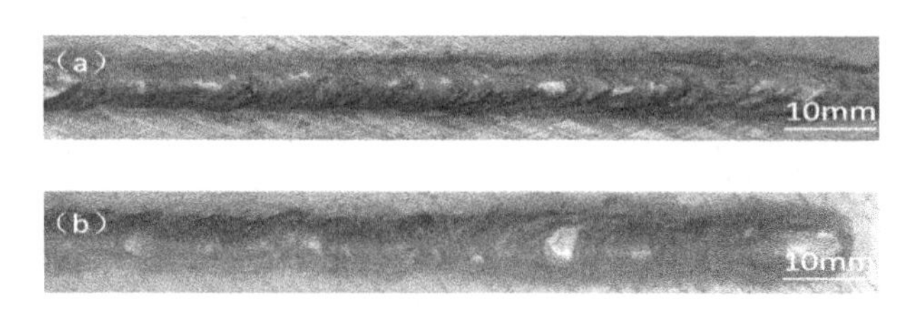

图5.12 模拟海水环境焊缝形貌

图5.13（a）、（b）分别为图5.12（a）、（b）所对应两条焊缝截面形貌图，从图中可以看出，不同盐度条件下焊缝横截面的形状有明显变化，含盐水下条件下的截面熔宽较大，熔深较小；在两种环境下均产生了气孔缺陷，而且在含盐条件下气孔尺寸更大，可以看出水下含盐条件下焊缝质量更加难控制。

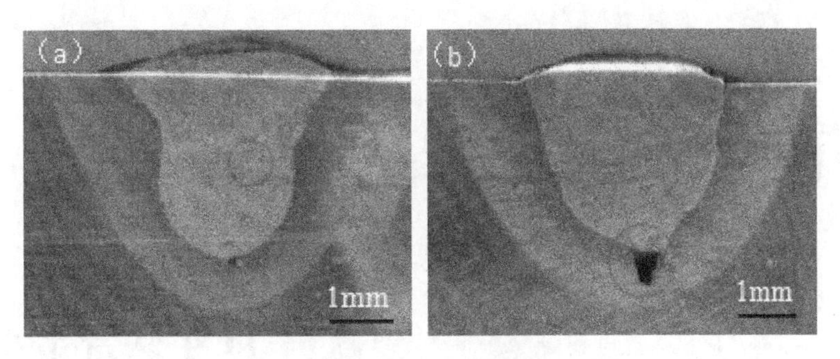

图 5.13　模拟海水环境试验焊缝截面图

5.5　小结

水下激光填丝焊接的工艺参数较多，所受到的影响因素也较多，因此系统了解各个工艺参数的影响规律，可以更好地掌握水下激光填丝焊接的特性。试验研究了包括焊接速度、水深、环境压力、海水环境等对水下湿法激光填丝焊接焊缝成形的影响规律，通过上述试验可以得出以下的结论：

（1）在水下湿法激光填丝焊接试验中，随着湿式水深的增加，焊缝成形逐渐变差，焊接缺陷逐渐增多。当水深达到 4mm 时，已经很难再进行水下湿法激光填丝的有效焊接。

（2）焊缝熔宽随环境压力增加逐渐减小，堆焊高度随压力增加而略有升高。当环境压力为 0.1MPa 时，焊缝组织为等轴晶针状马氏体，熔合区晶粒粗大，焊缝中心组织细小，强化效果较好，在水下激光焊接条件下具有较好工艺适应性。焊接过程需要控制焊接速度，过快的焊接速度导致熔滴过渡不稳定，焊缝表面成形变得不均匀，焊缝发生偏离。

（3）海水环境会对湿法激光填丝焊接质量产生影响，相比于淡水环境，在有盐水条件下更容易产生气孔等焊接缺陷，焊缝质量更难控制。

第 6 章

TC4 钛合金水下湿法激光焊接模拟仿真

6.1 引言

激光焊接是使用高功率密度的激光束照射焊件表面，焊件表面材料吸收光能并转化为热能，从而使焊接部位的温度升高后熔化成液态，并在随后的冷却凝固过程中实现同种或者异种材料的连接。激光焊接过程中熔池的温度分布及熔池中液态金属的流动直接影响熔池中的对流、传热和传质，从而对激光焊接的凝固过程和熔池中成分分布造成影响。数值模拟是分析激光焊接过程中熔池温度场传热和熔池流动传质的有效途径。采用数值模拟的方法进行激光焊接温度场和流场分析，可以为优化工艺参数、熔池冶金分析和动态应力变形分析提供理论支持。

本部分对 TC4 钛合金水下湿法激光焊接过程进行了模拟仿真，以获得焊接熔池温度的分布和热循环的规律，为焊接工艺提供参考依据，同时对温度场进行求解可以分析焊接过程的热应力与应变、残余应力与应变。

6.2　水下湿法激光焊接模拟仿真

对焊接温度场、残余应力场及流体流动进行数值模拟时，根据水下激光焊接能量分布的特点，对热源模型进行合理修正，建立合理的模型，确定水冷边界条件，并且要考虑水、金属在不同温度下的热物理性能的改变，在合理的假设条件下进行近似模拟计算。模拟仿真包括两个方面：一是焊接温度场和残余应力场的模拟仿真，用来了解熔池温度分布和焊接后的残余应力变形；二是焊接过程中熔池流场，目的是了解焊接过程中熔池的传质过程。其中第一部分的仿真主要采用 SYSWELD 软件进行，第二部分的仿真主要采用 Fluent 软件进行。

6.2.1　熔池温度场、残余应力场仿真

基于热弹塑性力学理论，采用焊接专用有限元分析软件 SYSWELD 对 TC4 钛合金水下湿法激光焊接的三维数值进行了模拟。

数值模拟过程可分为三个步骤：前处理和焊接向导设置、有限元求解、后处理。具体过程如图 6.1 所示。

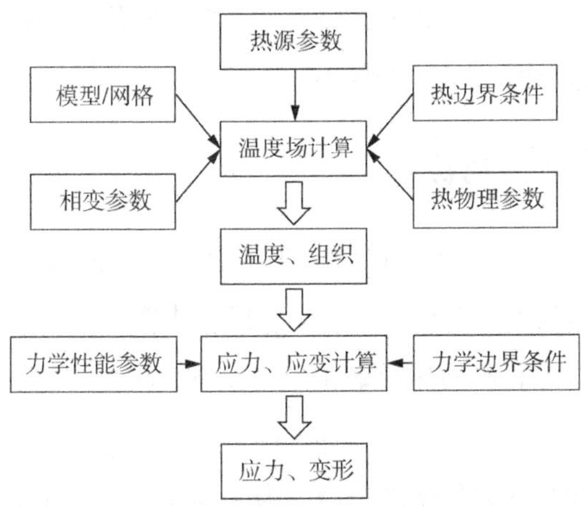

图 6.1　水下湿法激光焊接温度场、应力场模拟仿真流程

6.2.1.1 前处理和焊接向导设置

首先根据试件实际三维尺寸（85mm×65mm×10mm）和焊缝位置在Solidworks中建立三维实体模型，然后将Solidworks中实体模型导入Visual-mesh对试件进行网格划分。在VISUAL-WELD软件中，基于激光焊接选择焊接热源模型；根据实际焊接试验中所采用的母材确定材料的热物理性能参数、力学性能参数；此外，还根据实际焊接试验的情况确定数值分析的热边界条件（对流、换热、辐射）和约束条件。以上流程逐一设置完毕，生成求解文件，通过软件内置的方程求解器进行数值求解。

6.2.1.2 有限元求解

有限元求解包含温度场和应力场两个方面的计算。在进行焊接残余应力模拟仿真时，为了简化计算，采用了间接耦合法，即首先计算温度场结果，然后利用温度场计算的热载荷进行应力场模型计算，最后再对应力及变形进行模拟分析。计算时仅考虑温度场对应力场的影响，忽略应力场对温度场的影响。

6.2.1.3 后处理

后处理是在Visual-viewer/Origin等软件中将温度场、残余应力场的计算结果可视化，根据需要输出特定点、路径的热循环曲线和应力分布图或者温度分布云图、应力变形分布云图。

6.2.2 熔池流场仿真

水下激光焊接是一个复杂的物理化学过程，涉及物质传递和热传递，为提高计算效率，节约计算时间，模拟计算基于以下假定进行：

（1）计算中除材料的热导率和比热容外，认为其他物性参数为不随温度变化的常量；

（2）计算中熔池内的熔融金属视为牛顿体，不可压缩，且流动方式为层流；

(3) 不考虑水下激光焊接过程中由于金属蒸发和金属固态相变而产生的体积变化；

(4) 计算中设定匙孔内的压强为大气压强，熔池内部金属流体受到表面张力、重力、浮力及蒸气反作用力的联合作用，利用能量、动量、质量守恒方程描述水下激光深熔焊过程中匙孔的热-力耦合，采用焓-孔隙度法[111] 模拟熔池的熔化凝固问题。

本部分将利用 Fluent 流体动力学软件对 TC4 钛合金水下湿法激光焊接进行模拟仿真计算。在计算过程中，为精确模拟实际水下湿法焊接过程中的熔池流动和匙孔行为，利用自定义函数通过 C 语言编写程序模块，对 Fluent 软件进行了再开发。图 6.2 给出了水下湿法激光焊接 TC4 钛合金熔池流场数值模拟流程。

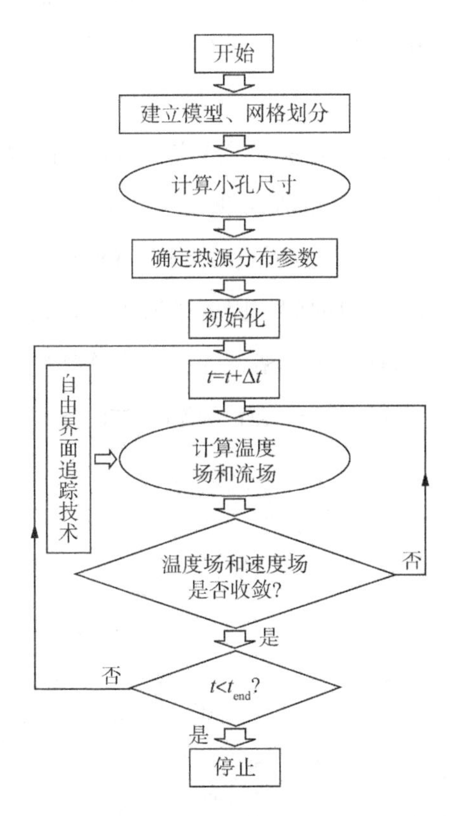

图 6.2　水下湿法激光焊接 TC4 钛合金熔池流场数值模拟流程

6.3 温度场、残余应力场有限元分析

6.3.1 模型构建

6.3.1.1 网格划分

有限元模型包括网格模型、材料的热物理性能参数和力学性能参数、热源模型等。基于 SYSWELD 有限元分析软件，建立了水下湿法激光焊接温度场、残余应力场三维有限元模型。SYSWELD 是一款焊接专用的有限元分析软件，可采用热弹塑性力学法和固有应变法（焊缝收缩法）计算焊接残余应力和变形，其中热弹塑性力学法适用于数值计算焊接过程中的温度场和应力应变等，固有应变法能够以较高的计算效率求解焊接应力和变形。

在进行温度场模拟时，需要首先建立实体几何模型（图 6.3），根据 TC4 钛合金的实际尺寸在 SolidWorks 中建立实体模型，然后使用 Visual-mesh 软件对图 6.3 中的模型进行网格划分。在网格划分时，既要保证计算精度，又要尽量缩短计算时间，因此采取了非均匀化处理的方式，即在焊缝中心处及近缝区使用小网格，在远离焊缝处使用大网格。本研究中，模型总共有节点 55 752 个、3D 网格 61 376 个、计算时长约 18h。

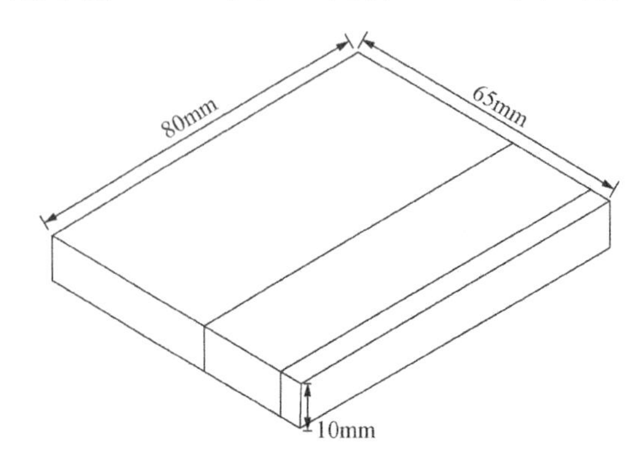

图 6.3 实体几何模型

图 6. 4 和图 6. 5 给出了模型的整体网格划分和局部网格划分。

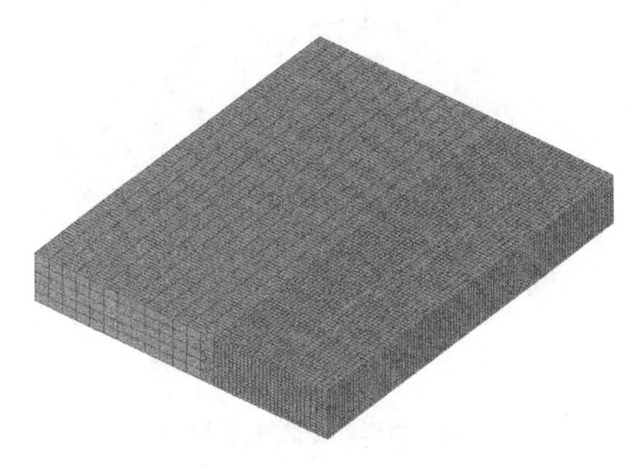

图 6. 4　模型整体网格划分

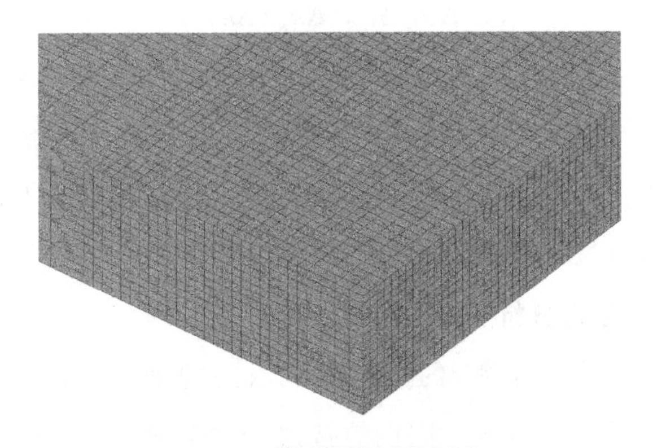

图 6. 5　模型局部网格划分

进行残余应力场模拟时，使用了与温度场相同的有限元网格，有所不同的是边界条件和单元类型。在进行力学分析时，为了防止刚体的平动和转动，添加了约束条件，设置如图 6. 6 所示。计算中考虑了固态相变引起的体积变化、屈服强度变化和相变诱导塑性。特别是在存在应力的情况下发生的塑性流动，在冶金反应过程中倾向于将应力减小，这就是相变诱导塑性。即便在没有外部载荷的情况下，这一现象也会产生由固态相变引起的附加应变。总应变增量可表示为由于弹性、热、冶金、传统塑性和相变塑性而产生的单个应变的总和，其中冶金和相变塑性组分与固态相变有关。

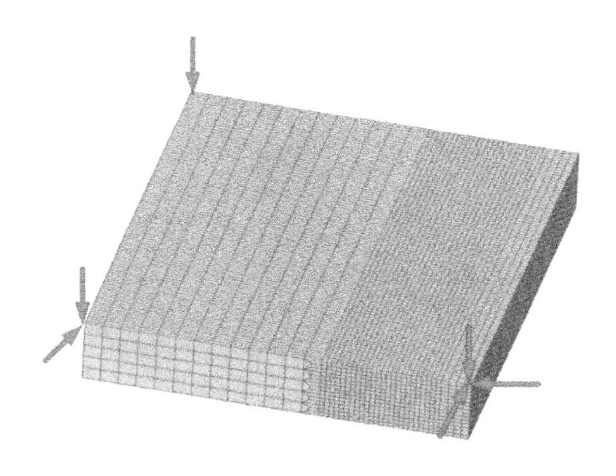

图 6.6　力学计算边界条件设置

$$\Delta\varepsilon = \Delta\varepsilon_E + \Delta\varepsilon_P + \Delta\varepsilon_T \qquad (6.1)$$

式中，$\Delta\varepsilon_E$ 为弹性应变增量；$\Delta\varepsilon_P$ 为塑性应变增量；$\Delta\varepsilon_T$ 为热应变增量。在模拟计算过程中，弹性应变遵循胡克定律，用热膨胀系数表征热应变，不考虑变形速率对塑性应变的影响，TC4 钛合金基体的屈服行为符合米塞斯（Mises）屈服准则。

6.3.1.2　瞬态分析热传导控制方程

焊接过程中热源沿特定的路径移动，材料表面吸收热源能量使基体熔化并迅速凝固形成焊缝，因而焊接过程中熔池温度场具有瞬时性特点。在激光焊接过程中，激光作为加热金属材料的热源，辐照在金属表面后，材料吸收激光能量并转化为热能，在激光的作用下材料被加热至熔点，形成焊接熔池。根据金属的熔化和凝固特点可以将熔池分为前后两部分：随着热源向前移动，激光输送给熔池前半部分的热量大于传导、辐射和对流损失的能量，而在熔池后半部分则相反。因此在焊接过程中，熔池前半部分金属不断熔化，后半部分金属不断凝固。温度场数值计算时，焊接热源产生的热量在焊接结构内部的热传导控制方程如下：

$$\rho c \frac{\partial T}{\partial t} = \frac{\partial}{\partial x}\left(k \frac{\partial T}{\partial x}\right) + \frac{\partial}{\partial y}\left(k \frac{\partial T}{\partial y}\right) + \frac{\partial}{\partial z}\left(k \frac{\partial T}{\partial z}\right) + Q(x,y,z,t) \qquad (6.2)$$

式中，ρ 为金属材料的密度；c 为金属材料的比热容；T 为材料内任意点(x,y,z)的瞬时温度；t 为时间；k 为材料的热导率；$Q(x,y,z,t)$为材料内部热量生成率，即材料单位时间、单位体积的发热量。

6.3.1.3　热边界条件

在计算温度场时考虑焊件表面对流换热量 q_c、辐射热量 q_r，其控制方程表达如下：

$$\begin{cases} q_c = -h_c(T - T_0) \\ q_r = -\varepsilon\sigma(T^4 - T_0^4) \\ q_{\text{loss}} = q_c + q_r \end{cases} \tag{6.3}$$

式中，q_{loss} 为总热量损失；h_c 为对流换热系数，此处取水下对流换热系数为 100W/(m^2 · K)；ε 为热辐射系数；σ 为史蒂芬-玻尔兹曼常数，其值为 5.67×10^{-8}W/(m^2 · K^4)；T_0 为室温温度。

6.3.1.4　热源

热源模型的选择对准确计算出在实际焊接过程中的温度分布是十分重要的。另外，在焊接过程中产生的应力和变形也是由焊接过程中不平衡的热量分布造成的。可以采用激光+电弧热源模型来表征激光焊接方法的热流密度分布。如图 6.7 所示为热源模型示意及热流密度分布公式。

6.3.1.5　定义材料参数

在模拟焊接温度场、组织场和应力场时，需要定义材料的热导率、密度、比热容、对流换热系数、弹性模量、线膨胀系数、泊松比和屈服强度等。在这项工作上，法国 ESI 公司做了大量的热物理性能试验，确定了常用金属材料的热物理性能参数，结合软件材料数据已有的材料参数和国内外学者研究中用到的材料参数，最终确立了本书中母材的热物理性能参数和力学性能参数，表 6.1 给出了 TC4 钛合金热物理性能参数。

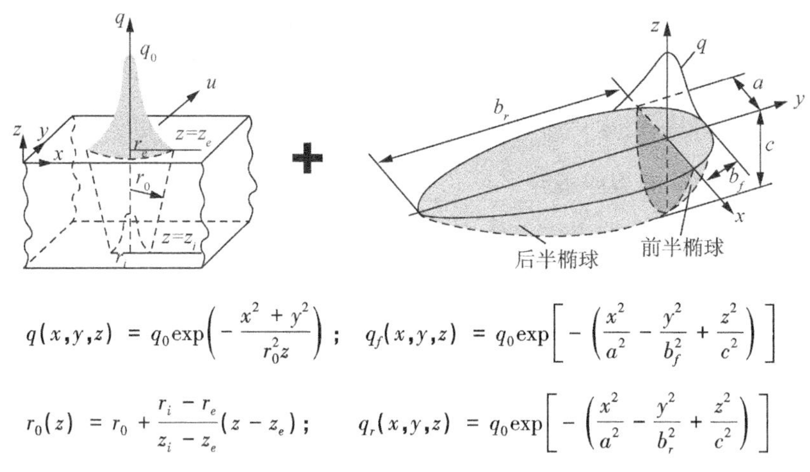

图 6.7 热源模型示意及热流密度分布公式

表 6.1 TC4 钛合金热物理性能参数

温度 /℃	比热容 /[J/(kg·℃)]	热导率 /[W/(m·℃)]	线膨胀系数 /K^{-1}	弹性模量 /GPa	屈服强度 /MPa
20	611	6.8	8.4	109.00	920.00
200	653	8.7	9.2	94.00	750.00
400	691	10.3	9.5	80.00	560.00
600	713	13.7	10.0	66.00	340.00
700	725	14.4	10.4	48.00	280.00
800	735	15.8	10.9	35.00	130.00
1000	754	18.3	11.0	22.00	90.00
1200	771	21.7	11.0	5.00	66.00
1400	787	24.5	11.0	0.10	31.00
1540	800	25.3	11.0	0.01	12.00
1650	806	20.0	11.0	0.01	2.00
1800	806	20.0	11.0	0.01	0.10

6.3.2 温度场分析

利用所建模型，通过 SYSWELD 有限元分析软件对 10mm 厚钛合金水下激光熔化焊接残余应力进行计算，本书中计算所用 TC4 钛合金热物理性能参数来自 SYSWELD 软件数据库。

温度场的分布决定了焊接过程中焊件的热循环过程，进而决定了焊缝的微观组织，因此可采用温度场与焊缝组织形貌对比的方式来验证模型的准确性和合理性。图 6.8 是 TC4 钛合金水下焊接焊缝横截面计算结果与试验结果的对比。从图中可以看出，温度场计算结果与相同试验条件下所得到的焊缝横截面形貌与吻合较好，说明上述温度场模型和假设合理、准确。

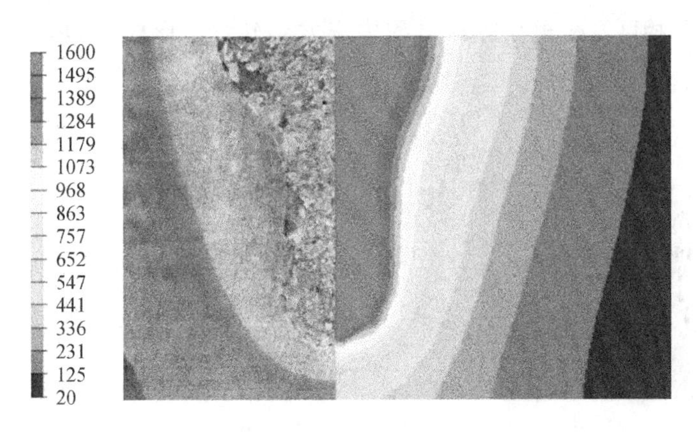

图 6.8　TC4 钛合金水下焊接焊缝横截面计算结果与试验结果的对比

图 6.9 给出了 TC4 钛合金水下激光焊接取点位置及各点的热循环曲线。从图中可以看到，在焊缝中心的 *A* 点处，焊接过程中温度在短时间内迅速升高到接近 3000℃，而处于热影响区的 *F* 点温度最高不超过 1500℃，达不到 TC4 钛合金的熔点。TC4 钛合金表面在很短的时间内被加热至沸点，形成金属蒸气或等离子体。当这部分金属蒸气或等离子体从熔池中喷出时，会对熔池中熔融金属产生反作用力，使熔池表面凹陷，直至形成匙孔。随着光斑的移动，熔池温度在几十秒内降至 500℃以下。

Ti 有两种同素异构体，即 α~Ti 和 β~Ti，密排六方结构的 α~Ti 在 882℃以下稳定存在，体心立方结构的 β-Ti 在 882~1678℃之间稳定存在，二者在 882℃时发生同素异构转变。TC4 是一种 α+β 的双相钛合金，含有6%的α稳定元素Al和4%的β稳定元素V，其相变点为980~1010℃。在水下湿法激光焊接冷却过程中，熔池内的TC4钛合金首先生成β相，之后在快速冷却过程中发生了β相→α′马氏体相的转变。由于冷却速度较快，部分β相来不及转变，熔池就已经冷却，因此焊缝中组织为α′马氏体相+残余β相。而在靠近熔合线的热影响区，如F点，在焊接过程中最高温度达到β单相区，快速冷却时β相形成α′马氏体相。在远离熔合线的热影响区，焊接过程中最高温度未能达到β单相区，而是形成了β+α双相区，α相在冷却过程中未发生转变，形成α′马氏体+初始α相。

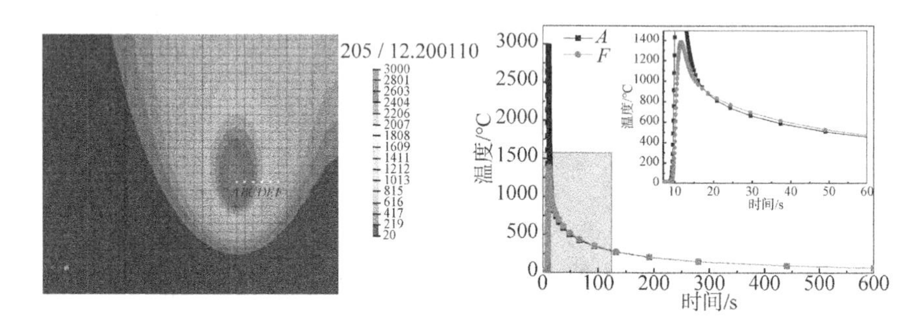

图6.9　TC4钛合金水下激光焊接取点位置及各点的热循环曲线

6.3.3　残余应力场分析

基于有限元分析软件SYSWELD建立了TC4钛合金水下湿法激光焊接残余应力三维有限元模型。图6.10是TC4钛合金水下湿法激光焊接残余应力分布。从图中可以看到，焊件外表面横向应力为压应力，熔合区中下部横向应力为拉应力；外部厚度方向应力较小，内部存在较大的厚度方向应力。焊缝外表面纵向应力为拉应力，熔合内部应力大于表面纵向应力；焊缝表现为较大的等效应力。

对上表面残余应力仿真结果与实测值进行了比较，结果如图6.11所示。由仿真计算结果可知，在上表面焊缝横向方向，焊缝中心位置为压应力，最大值为-302MPa，距离焊缝中心越远，残余应力越小，当距焊缝中心 10mm 时，残余应力值为 0MPa。残余应力在横向上的分布趋势，其仿真计算结果与试验结果的趋势及数值均比较接近。在纵向上，焊缝中心表现为较大的拉应力，最大值为 580MPa，在远离焊缝处，残余应力值依然保持较大的状态，这种分布结果与试验结果有一定偏差。造成这种偏差的原因可能与计算过程中的简化与边界条件设置有关。同时还可以看到，图 6.11（b）计算的残余应力呈非对称分布。这是由于在模型构建过程中，焊缝位于基体的一侧，如图 6.10 所示，焊缝位置的不对称造成了焊缝两侧受到的拘束应力不对称，从而造成了这种不对称的残余应力分布。

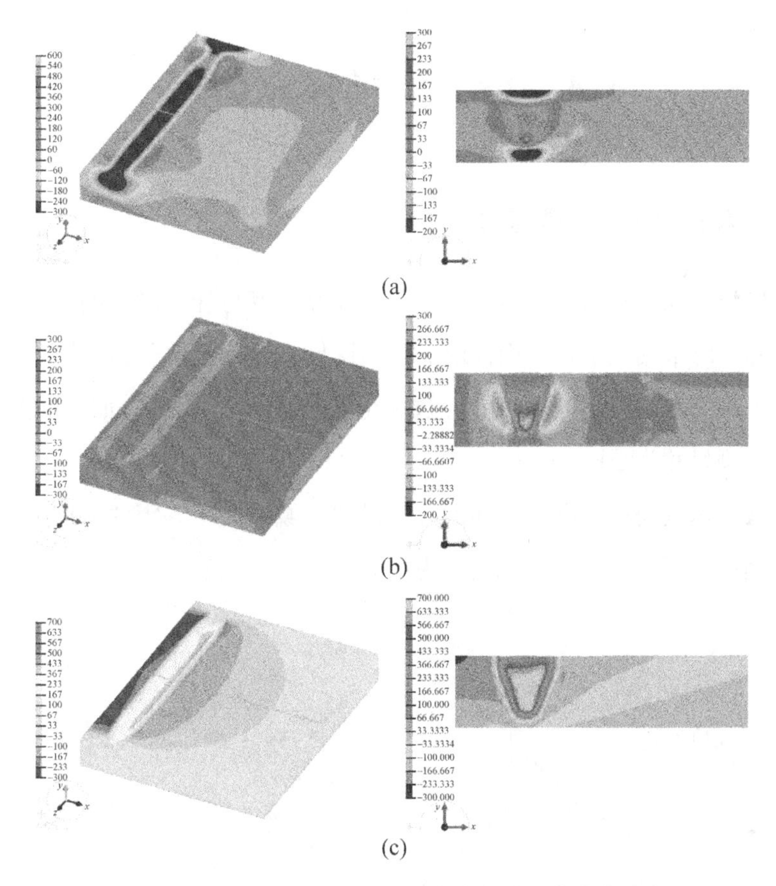

图 6.10　TC4 钛合金水下湿法激光焊接残余应力分布

（a）横向应力；（b）厚度方向应力；（c）纵向应力

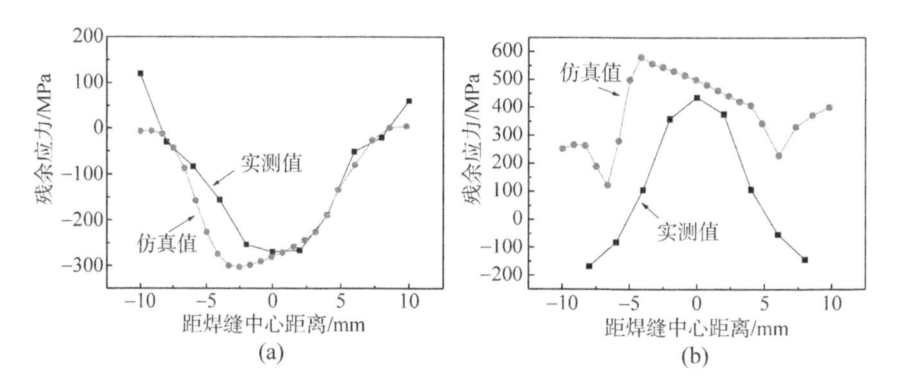

图 6.11　上表面残余应力仿真结果与实测值比较

(a) 横向残余应力；(b) 纵向残余应力

6.4　熔池流场模拟仿真

6.4.1　模型构建与验证

同温度场模拟仿真相似，为了调合计算精度与计算时间的矛盾，在模型建立时采用八节点六面体的非均匀网格。计算区域分为水层和金属层，上层为水层，高为 4mm，下层为金属层，高为 10mm，如图 6.12 所示。模型尺寸为 20mm×12mm×14mm。图 6.13 为模型网格划分示意，在焊缝及其附近使用小网格，在远离焊缝的区域使用不等距的大网格。水层侧面设为压力出口，其他边界为壁面。

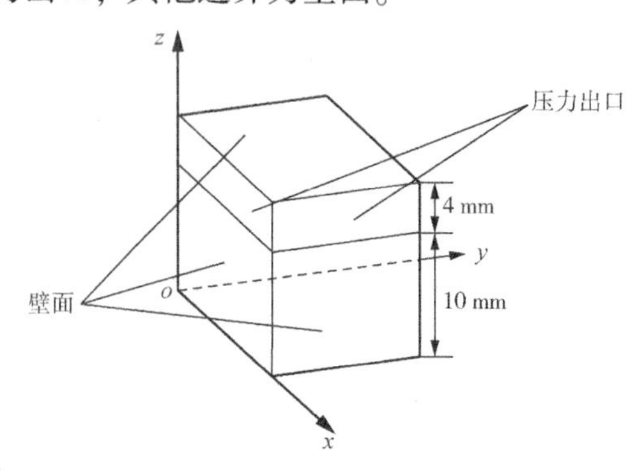

图 6.12　几何模型

图 6.13　模型网格划分示意

6.4.1.1　热源模型

激光深熔焊的关键是匙孔效应，熔池的传质、传热均在匙孔内完成。激光照射在金属表面后，在极短时间内金属表面升温直至汽化蒸发，并对熔融金属产生反作用力，从而形成匙孔。一方面，金属蒸发时的强烈冲击力维持匙孔稳定存在；另一方面，匙孔周围的熔融金属在重力和表面张力的作用下有弥合的趋势。因此在建立水下湿法激光焊接流场的数学模型时必须综合考虑匙孔的热力耦合特征。然而匙孔产生在激光照射的一瞬间，具有瞬时性，同时匙孔受各种力的作用，具有不稳定性，因此计算十分复杂。为简化计算，在建立水下湿法激光热源模型时忽略匙孔成形过程。

在水下湿法激光焊接过程中，由于水对工件的冷却作用，焊接工件上能量分布特点与普通激光焊接存在差异，本书在模拟计算时对热源模型进行了修正，选择双椭球体与锥体组合热源进行模拟，在熔池上部靠近水层区域使用双椭球体热源，作用范围为 z 方向距离工件底部 8~10mm；在熔池下部使用锥体热源，作用范围为 z 方向距离工件底部 0.45~0.75mm。

（1）双椭球体热源模型：双椭球体热源中心位于 TC4 钛合金表面，其热流密度分布函数可用式（6.4）表示[112]：

$$q_f(x,y,z)=\frac{6\sqrt{3}f_fQ}{a_fb_hc_h\pi\sqrt{\pi}}\exp\left(-\frac{3x^2}{a_f^2}-\frac{3y^2}{b_h^2}-\frac{3z^2}{c_h^2}\right)\quad (x\geqslant 0)\tag{6.4}$$

$$q_r(x,y,z)=\frac{6\sqrt{3}Q}{a_rb_hc_h\pi\sqrt{\pi}}\exp\left(-\frac{3x^2}{a_r^2}-\frac{3y^2}{b_h^2}-\frac{3z^2}{c_h^2}\right)\quad (x<0)\tag{6.5}$$

式中，q_f、q_r 分别为热源前、后的热流密度分布函数；a_f、a_r、b_h、c_h 为热源分布参数，其值分别为 $a_f=0.002$，$a_r=0.0015$，$b_h=0.002$，$c_h=0.002$；Q 为有效激光热输入；f_f、f_r 分别为热源前、后部分热输入的份额，且具有以下关系：$f_f+f_r=2$，$f_f=\frac{2a_f}{a_r+a_f}$，$f_r=\frac{2a_r}{a_r+a_f}$。

（2）锥体热源模型：在计算中，考虑到宏观传热，使用基于匙孔尺寸的锥体热源模型，并且该模型的热流峰值可根据需要进行调节。图 6.14 是锥体热源模型，其热流分布参数可用式（6.6）所示[113]：

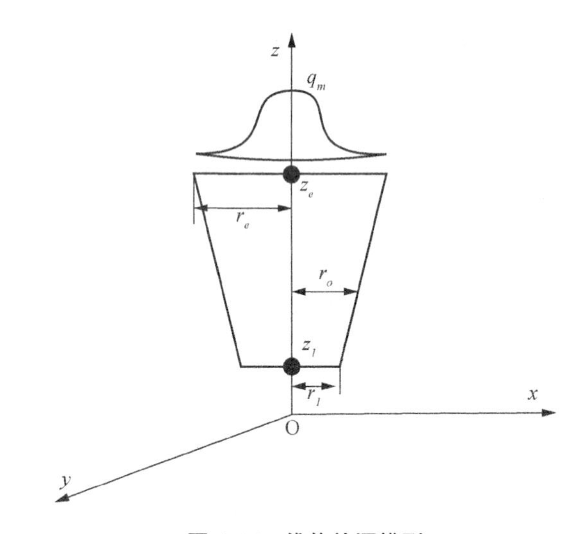

图 6.14　锥体热源模型

$$q_1(r,z)=\frac{3\mu_Lp_L}{\pi(1-e^{-3})(A+B)}\left[\frac{(1-\chi)z_iz_e}{z_i-z_e}\frac{1}{z}+\frac{\chi z_i-z_e}{z_i-z_e}\right]\exp\left\{-\frac{3r^2}{[r_0(z)]^2}\right\}\tag{6.6}$$

$$r_0(z) = \frac{a}{z - b} \tag{6.7}$$

$$\begin{cases} a = \dfrac{z_i - z_e}{r_e - r_e} r_e r_i \\ b = \dfrac{r_e z_e - r_i z_i}{r_e - r_e} \end{cases} \tag{6.8}$$

式中，μ_L 为激光效率；P_L 为激光功率；r 是激光光斑半径；r_e、r_i 是热源尺寸；χ 为热源上下两个表面热流峰值比例系数；A、B 为过程系数；a、b 为计算参数。

6.4.1.2　控制方程

（1）能量守恒方程。

$$\rho\left[\frac{\partial H}{\partial t} + (u - u_0)\frac{\partial H}{\partial x} + \nu\frac{\partial H}{\partial y} + w\frac{\partial H}{\partial z}\right] = \frac{\partial}{\partial x}\left(k\frac{\partial T}{\partial x}\right) + \frac{\partial}{\partial y}\left(k\frac{\partial T}{\partial y}\right) + \frac{\partial}{\partial z}\left(k\frac{\partial T}{\partial z}\right) + S_\nu \tag{6.9}$$

式中，u、v、w 分别为流体在 x、y、z 方向上的速度分量；k 为 TC4 钛合金的热导率；T 为实时温度；ρ 为 TC4 钛合金的密度；H 为混合焓；S_v 为内热源项；u_0 为激光焊接速度；t 为时间。

（2）动量守恒方程。

$$\rho\left[\frac{\partial u}{\partial t} + (u - u_0)\frac{\partial u}{\partial x} + \nu\frac{\partial u}{\partial y} + w\frac{\partial u}{\partial z}\right] = -\frac{\partial p}{\partial x} + \mu\left(\frac{\partial^2 u}{\partial x^2} + \frac{\partial^2 u}{\partial y^2} + \frac{\partial^2 u}{\partial z^2}\right) \tag{6.10}$$

$$\rho\left[\frac{\partial \nu}{\partial t} + (u - u_0)\frac{\partial \nu}{\partial x} + \nu\frac{\partial \nu}{\partial y} + w\frac{\partial \nu}{\partial z}\right] = -\frac{\partial p}{\partial y} + \mu\left(\frac{\partial^2 \nu}{\partial x^2} + \frac{\partial^2 \nu}{\partial y^2} + \frac{\partial^2 \nu}{\partial z^2}\right) \tag{6.11}$$

$$\rho\left[\frac{\partial w}{\partial t} + (u - u_0)\frac{\partial w}{\partial x} + \nu\frac{\partial w}{\partial y} + w\frac{\partial w}{\partial z}\right] = -\frac{\partial p}{\partial z} + \mu\left(\frac{\partial^2 w}{\partial x^2} + \frac{\partial^2 w}{\partial y^2} + \frac{\partial^2 w}{\partial z^2}\right) + S_z \tag{6.12}$$

式中，μ 为液态 TC4 钛合金的动力黏度因数；p 为熔融金属流体内的压力；S_z 为动量方程的源项。

（3）质量守恒方程。

$$\frac{\partial \rho}{\partial t}+\frac{\partial(\rho u)}{\partial x}+\frac{\partial(\rho v)}{\partial y}+\frac{\partial(\rho w)}{\partial z}=0 \tag{6.13}$$

6.4.1.3 熔池自由表面追踪

一般采用多相流 VOF 模型追踪气-液自由界面。如果流体体积分数 $F(x,y,z,t)=1$，则表示对应的单元格充满了液体；如果 $0<F(x,y,z,t)<1$，则表示液体表面位于单元格中；如果 $F(x,y,z,t)=0$，则表示对应的单元格中没有液体。这样，可利用 F 来计算自由表面单元及其法线方向，流体体积函数 F 的控制方程为

$$\frac{\partial F}{\partial t}+u\frac{\partial F}{\partial x}+v\frac{\partial F}{\partial y}+w\frac{\partial F}{\partial z}=0 \tag{6.14}$$

6.4.1.4 初始条件和边界条件

（1）初始条件。焊接开始时，即 $t=0$ 时，有：

$$T=T_0 \tag{6.15}$$

$$u=v=w=0 \tag{6.16}$$

式中，T_0 为环境温度。

（2）能量边界条件。

①焊件上表面：

$$-k\frac{\partial T}{\partial n}=q_a+q_l-\alpha_c(T-T_0)-m_{er}L_b \tag{6.17}$$

式中，q_a 为电弧传给焊件表面的热量（$q_a=0$）；q_l 为激光传给焊件表面的热量；α_c 为对流和辐射的综合散热系数；L_b 为蒸发潜热；m_{er} 为蒸发率。

②焊件其他表面：因工件在水中焊接，将工件其他表面设为热传导率很高的壁面。

$$-k\frac{\partial T}{\partial n}=-\alpha_c(T-T_0)-m_{er}L_b \tag{6.18}$$

(3) 动量边界条件。熔池自由表面：

$$-\mu \frac{\partial(\boldsymbol{V}_s \cdot \boldsymbol{S})}{\partial \boldsymbol{n}} = \frac{\partial r}{\partial T}\frac{\partial T}{\partial \boldsymbol{S}} \tag{6.19}$$

式中，$\boldsymbol{V}_s$ 熔池表面的速度矢量；$\boldsymbol{S}$ 熔池表面的切线向量。

在激光焊接过程中，匙孔对熔池内流体具有强烈的搅拌作用，数值模拟过程中必须考虑匙孔动态行为对复合焊流体流动模式的影响。将匙孔视为由激光致蒸气反作用力、表面张力综合作用下的熔池表面变形，忽略匙孔内部等离子体的热场和力场影响。

①蒸气反作用力：激光致蒸气反作用力 P_R 是匙孔产生的主要驱动力，其大小可以依据奈特（Knight）模型计算[114]：

$$P_R = AP_s(T_w) = \frac{AB_0}{\sqrt{T_w}\exp\left(-\frac{U}{T_w}\right)} \tag{6.20}$$

式中，A 表示计算系数并依据匙孔内蒸气压力的高低，可在 0.55~1.0MPa 范围内取值，在大气压条件下可取 0.55MPa；P_s 为金属蒸气压力；B_0 为蒸发常数；T_w 为液态金属表面温度；U 则由式（6.22）计算[115]：

$$U = \frac{m_a H_v}{N_A k_B} \tag{6.21}$$

式中，m_a 为原子质量；H_v 为蒸发潜热；N_A 为阿伏加德罗常数；k_B 为波尔兹曼常数。

②表面张力表示为

$$P_s = k\gamma \tag{6.22}$$

式中，γ 为表面张力系数；k 为自由液面曲率半径，其计算公式见文献［116］；由于蒸气反作用力及表面张力为表面力，计算时需将其转换为体积力；在熔池气液界面处施加于动量方程的源相。

③浮力：焊接熔池内温度的分布在焊接热源的作用下很不均匀，因此熔池内的液态金属密度是随时间和空间变化的。由于密度梯度的存

在，液态金属的静力平衡受到了破坏，出现了在温度差驱使下的液态金属的流体流动。而对于激光焊接这种存在匙孔周期性张开和闭合的过程同时焊接速度较快的焊接方法而言，焊接过程中会存在较大的温度梯度，因此这里采用 Boussinesq 模型来处理非等温流动现象引起的热浮力，模型假定对于除了动量方程中的浮力项外，所有方程中的密度均为常数，即

$$(\rho-\rho_0)g\approx-\rho_0\beta_0(T-T_0)g \tag{6.23}$$

式中，ρ_0 为流体密度（常数）；T_0 为环境温度；β_0 为热膨胀系数。

6.4.1.5 材料热物理性能参数

表 6.2 给出了计算中所采用的材料物理性能参数，TC4 钛合金随温度变化的物理性能参数见表 6.1。水下激光焊接是一个复杂的传质、传热的过程，为提高计算效率、节约计算成本，模拟时除热导率和比热容外，认为材料的其他物理性能参数与温度无关。

表 6.2　不随温度变化的物理性能参数

名称	符号	数值	单位
密度	ρ	4440	kg/m^3
固相温度	T_s	1878	K
液相温度	T_l	1928	K
动力黏度	μ	0.002 9	kg/(m·s)
对流系数	h_c	60	$W/(m^2 \cdot K)$
辐射系数	δ	0.4	无
热膨胀系数	β	1.1×10^{-5}	1/K
表面张力温度梯度系数	σ	-2.6×10^{-4}	N/(m·K)
表面张力系数	γ	1.64	N/m
熔化潜热	H_m	3.89×10^5	J/kg

6.4.1.6 模型验证

图 6.15 是计算和试验焊接焊缝横截面几何形状和尺寸对比。由图可以看出，使用双椭球体与锥体组合热源计算结果与实际吻合较好。

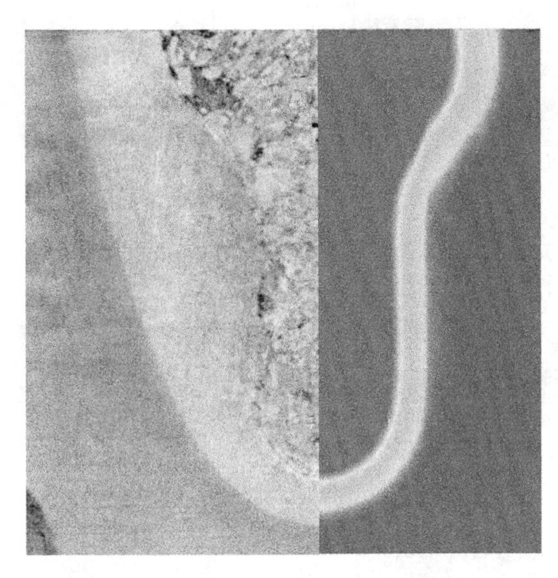

图 6.15　计算和试验焊接焊缝横截面几何形状和尺寸对比

6.4.2　水下激光焊接熔池流体流动数值分析

6.4.2.1　激光功率 3kW 熔池流体流动数值分析

图 6.16 为激光功率 3kW 时水下激光焊接纵截面温度场及流场计算结果。由图可以看出，匙孔极不稳定，其深度波动较大，在蒸气反作用力的作用下，液态金属熔池的后部产生顺时针方向的涡流。从图 6.16（a）中，$t=0.424$s 时可以看出，在蒸气反冲压力的作用下形成匙孔，匙孔壁附近的熔融金属高速向下流动，然后在熔池底部向后流动，在熔池较小时，熔池底部向后流动的液态熔融金属受到阻碍后向表面流动，形成顺时针的涡流；在 $t=0.464$s 时，前后匙孔壁上都形成金属凸起，这被认为是匙孔塌陷的原因。

综上所述，匙孔壁的稳定性与顺时针涡流程度密切相关。在激光焊接中，对于前匙孔壁，由于入射激光束辐照后激光能量密度相对稳定，其流态也相对较为稳定。

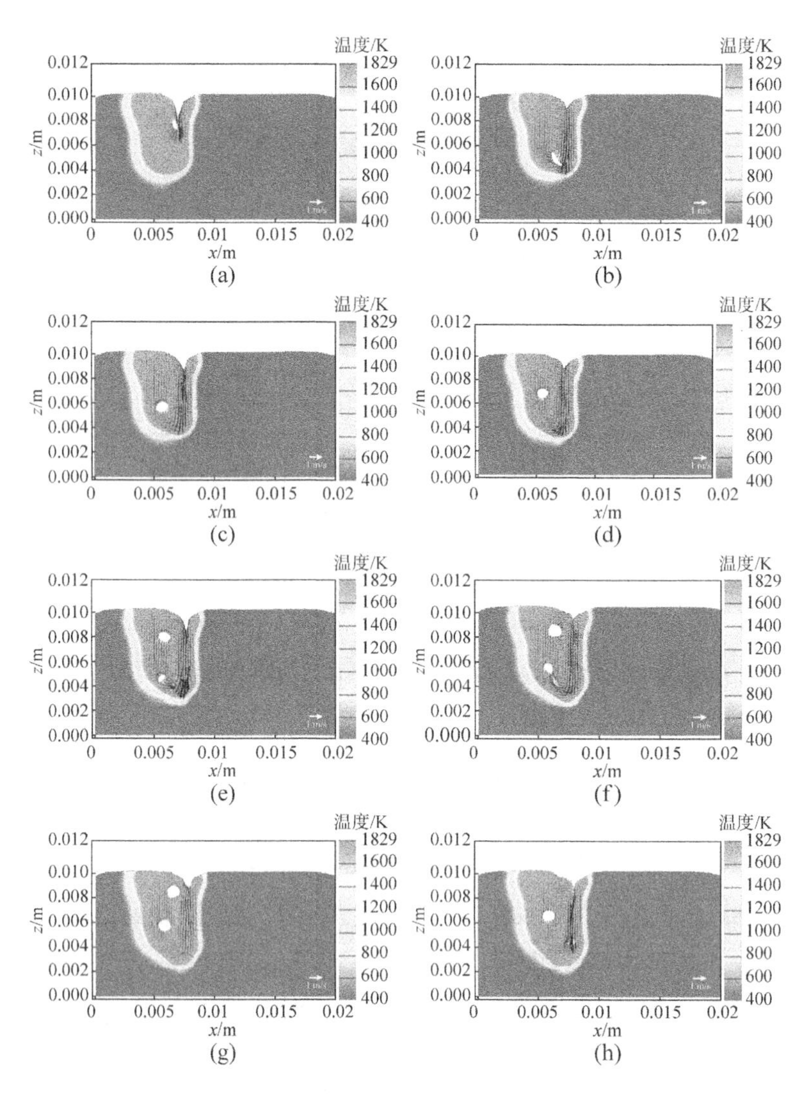

图 6.16 激光功率 3kW 时水下激光焊接纵截面温度场及流场计算结果

（a）t=0.424s；（b）t=0.444s；（c）t=0.464s；（d）t=0.484s；

（e）t=0.504s；（f）t=0.524s；（g）t=0.544s；（h）t=0.560s

在焊接过程中，靠近匙孔开口处的熔融金属高速流向匙孔底部，容易导致液态金属堆积。另外由于焊接熔池较小，正向流动的动量耗散较小，很难达到动态等效，导致液态熔池后部的涡流程度较大，使得匙孔的稳定性降低，最终导致匙孔塌陷，匙孔塌陷后会产生气泡，并随着高速流体向后移动，从图 6.16（c）、（f）可以看出，液态金属熔池中会发生不同气泡的融合，并在涡流的作用下与匙孔相遇，一部分气泡逸出，另一部分气泡又被高速流动的金属卷入熔池，进入熔池后部与其他气泡发生融合。

图 6.17 为匙孔前壁的局部蒸发和熔池金属流动示意。激光深熔焊过程中，匙孔的侧壁始终处于高度波动状态，匙孔前壁的局部突起在激光照射下熔化蒸发，熔融金属向下流动，如图 6.17（a）所示。液态金属流到熔池底部后，流动方向转为向后向上，从而在匙孔后方形成涡流。

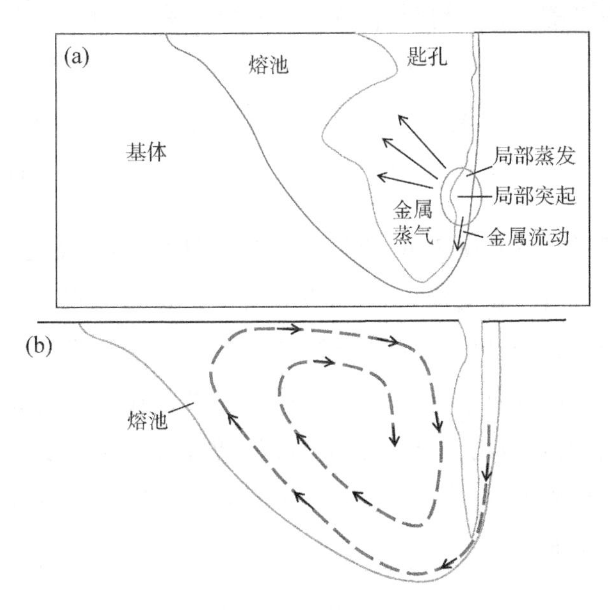

图 6.17　匙孔前壁的局部蒸发及熔池金属流动示意

（a）匙孔前壁局部蒸发；（b）熔池内金属流动

随着焊接时间变长，熔池长度变大，导致熔池中液态金属向表面流动较弱，更多的金属向熔池后部流动。从图 6.18 可以发现，匙孔塌陷后产生气泡，气泡随着熔池底部强流体的作用向后流动，但由于是在水下焊接，熔池上表面冷却速度更快，导致在靠近熔池底部位置形成气泡，气泡难以脱离熔池，如图 6.18（d）所示，在熔池后部焊缝下方形成气孔缺陷。

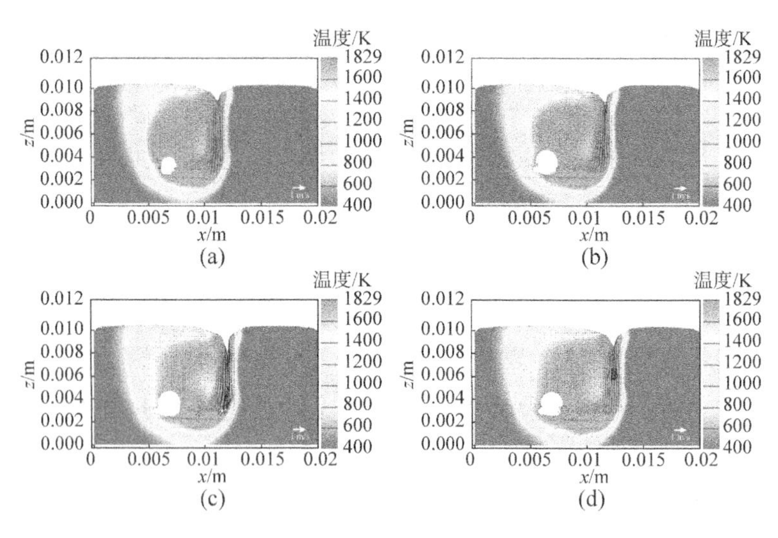

图 6.18　一段时间后水下激光焊接纵截面温度场及流场计算结果

（a）$t=1.218$s；（b）$t=1.298$s；（c）$t=1.378$s；（d）$t=1.458$s

图 6.19 为激光功率 3kW 时水下激光焊接横截面温度场及流场计算结果。可以看出，熔池流动模型相对简单，没有出现涡流现象。从图 6.19（a）可以看出，当 $t=0.652$s 时，金属在激光照射下蒸发汽化，并在金属蒸气的反冲力下产生了具有向下的熔融金属流的匙孔。从图 6.19（b）可以看出，当 $t=0.656$s 时，匙孔壁上部液态金属发生凸起，匙孔发生坍塌形成气孔。随着时间推移，熔池内始终存在沿匙孔壁向下的流体流动。

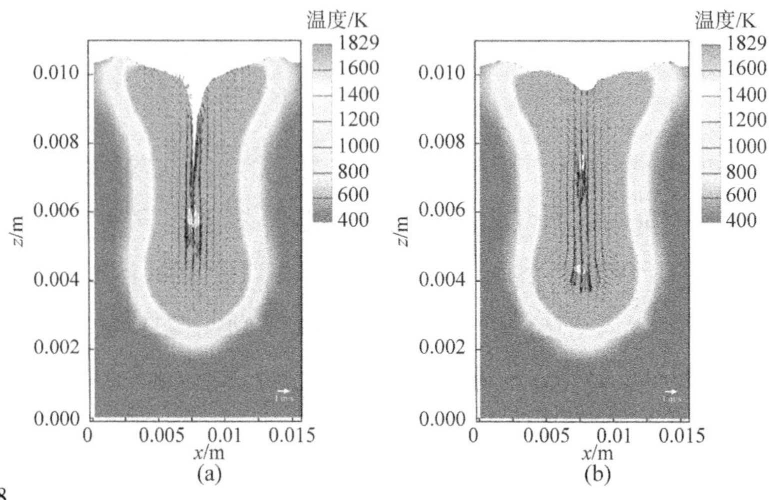

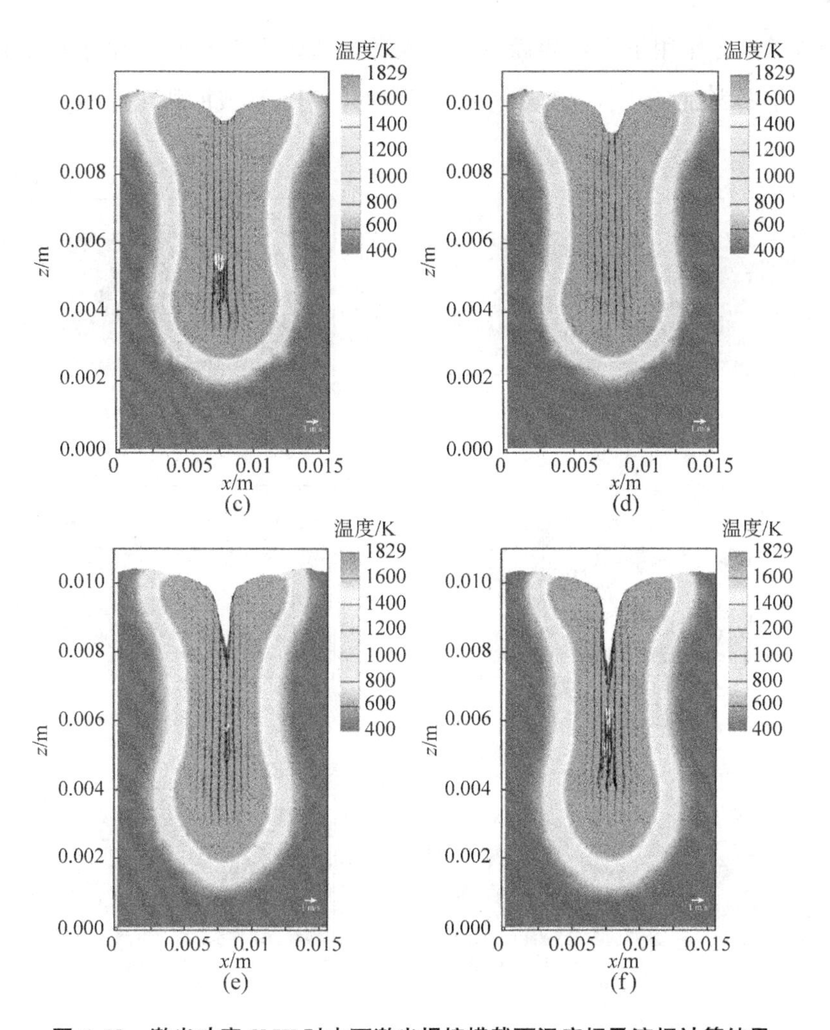

图 6.19　激光功率 3kW 时水下激光焊接横截面温度场及流场计算结果

（a）$t=0.652$s；（b）$t=0.656$s；（c）$t=0.660$s；

（d）$t=0.664$s；（e）$t=1.176$s；（f）$t=1.378$s

6.4.2.2　激光功率对熔池流体流动行为和气孔形成的影响

激光功率大小决定了焊接过程中的热输入大小，是焊接时的一个关键参数。为研究激光功率对熔池流动行为和气孔形成行为的影响，对 2kW 激光功率下的熔池流体行为进行了仿真计算（图 6.20）。

激光深熔焊时，金属表面在蒸气反作用力、熔融金属表面张力和重力等的综合作用下产生表面变形。当激光功率为 2kW 时，由于功率较小，金属表面变形小，在蒸气反冲压力的作用下形成的匙孔较小。

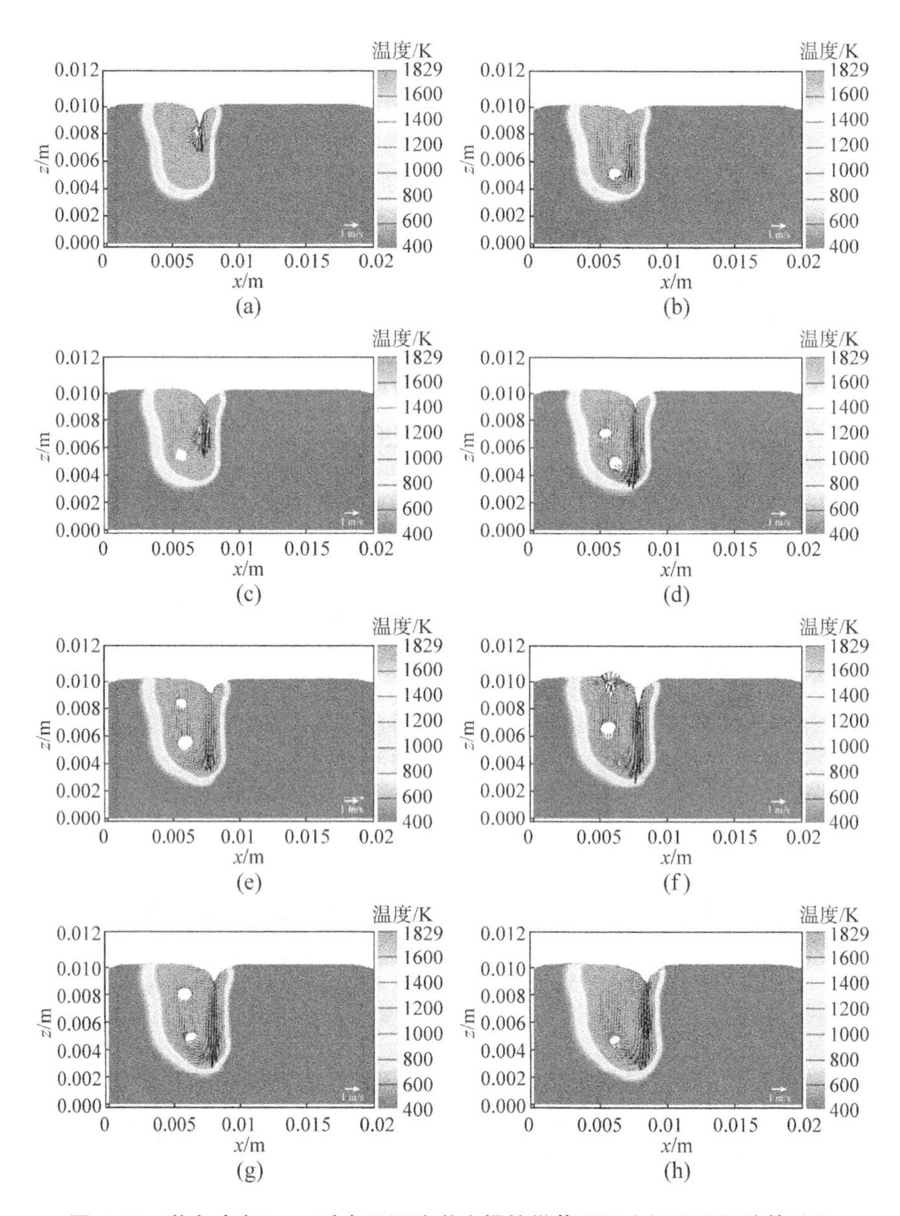

图 6.20　激光功率 2kW 时水下湿法激光焊接纵截面温度场及流场计算结果

(a) $t=0.416$s；(b) $t=0.448$s；(c) $t=0.480$s；(d) $t=0.512$s；

(e) $t=0.544$s；(f) $t=0.576$s；(g) $t=0.608$s；(h) $=0.664$s

当$t=0.416$s时，匙孔壁附近流体在蒸气反作用力的影响下流速大，且该位置液态金属始终由匙孔口向下流动，再经匙孔底部流向熔池后方，然后在浮力作用下向上流动。由于熔池长度较小，向熔池前部回流，并在熔池中部形成顺时针涡流。对比激光功率为3kW时可以发现，此时液态熔池体积较小，蒸气反作用力小，造成气泡流出熔池位置偏向远离激光热源位置。在$t=0.576$s时，气泡靠近熔池表面，流出熔池。

图6.21和图6.22分别给出了激光功率为3kW和2kW时熔池中的气孔形成和逸出行为。通过对熔池流体行为的模拟仿真发现，在熔池中存在顺时针旋转的涡流且能量较大，熔融金属自匙孔口出向下流动，此时速度最大，经匙孔底部流向熔池后方。匙孔中卷入的气体在自身浮力和流动金属的带动下，向熔池顶部上浮。激光功率越大，熔池中流体流动速度越快，有利于气泡的逸出。由图6.21（e）可见，在3kW激光功率作用下，当$t=0.532$s时，气泡在液态金属的裹挟下从靠近匙孔一侧逸出。由图6.22（h）可见，在2kW激光功率作用下，当$t=0.576$s时，气泡从熔池后部逸出，逸出位置离匙孔中心较远。从不同功率下气泡逸出的时间可以看出，当使用较大激光功率时，气泡生成—上浮—逸出周期短，对减少熔池中的气孔缺陷有利。

根据仿真计算结果，使用大功率激光焊接时有利于熔池中气泡逸出。其原因可总结为以下几个方面：

第一，从气泡逸出周期来看，激光功率增大，熔池中熔融金属流动速度快，气泡形成—上浮—逸出周期短。

第二，从气泡逸出位置来看，激光功率增大，气泡逸出位置有向匙孔靠近的趋势，而匙孔附近温度高，气泡逸出阻力小。

第三，从熔池存在时间来看，激光功率增大，焊接过程中热输入增加，熔池存在时间长，气泡逸出时间更加充裕。因此，在试验中可通过适当增大激光功率的方式来减少或消除焊缝中的气孔缺陷。

6.4.2.3 热传导系数对熔池流体流动行为的影响

在水下焊接时，由于水的热导率较大，使得焊接过程中熔池的冷却速度增大，对焊接工件的温度分布及熔池形态产生影响。本文进行水下激光焊接模拟时，水的热导率为 0.6W/(m·K)(20℃)，为了比较不同导热系数下水下激光熔池形态，改变导热系数为 0.2W/(m·K)，模拟不同导热系数下激光焊熔池形态。

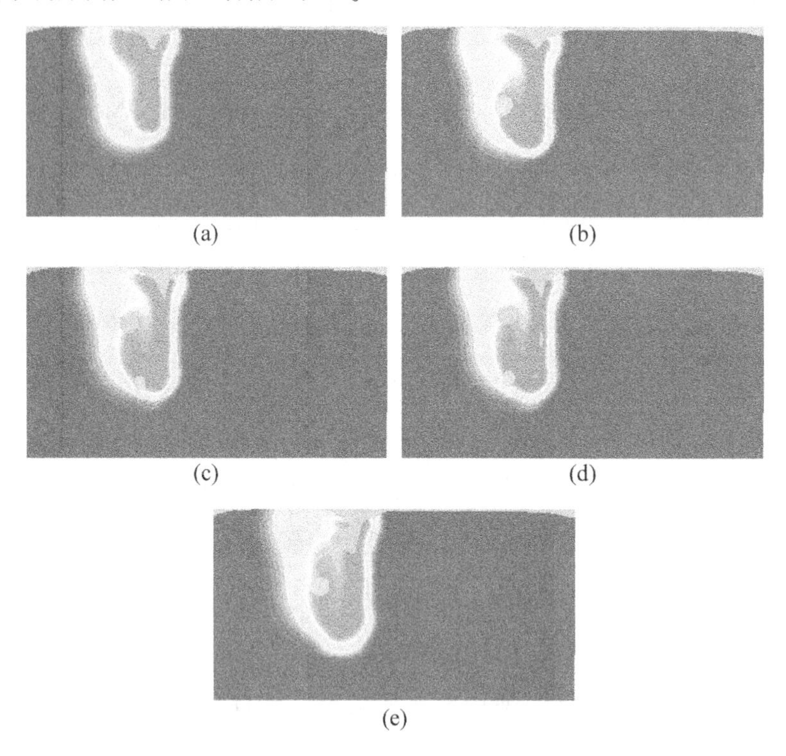

图 6.21 激光功率 3kW 时熔池中的气孔形成和逸出行为

(a) t=0.412s；(b) t=0.472s；(c) t=0.492s；

(d) t=0.500s；(e) t=0.532s

图 6.23 为激光功率为 3kW、热导率为 0.2W/(m·K)时，激光焊接纵截面温度场及流场计算结果。由于模拟时选取的热导率变化幅度较小，熔池整体形貌差别很小，只在熔池表面有细微差距。随着热导率的

减小，对于工件的冷却作用减小，焊接环境越来越接近于在空气中焊接。

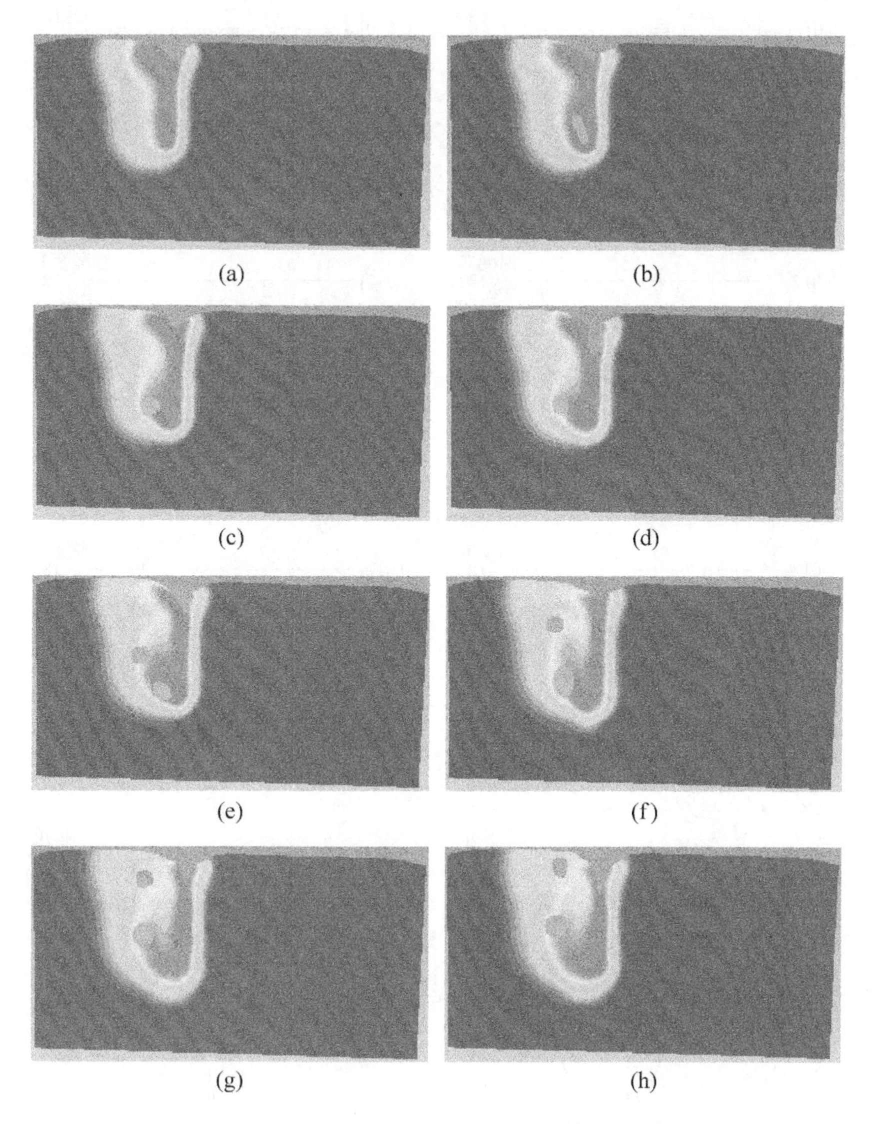

图 6.22　激光功率 2kW 时熔池中的气孔形成和逸出行为

（a）t=0.392s；（b）t=0.432s；（c）t=0.456s；

（d）t=0.472s；（e）t=0.504s；（f）t=0.536s；

（g）t=0.568s；（h）t=0.576s

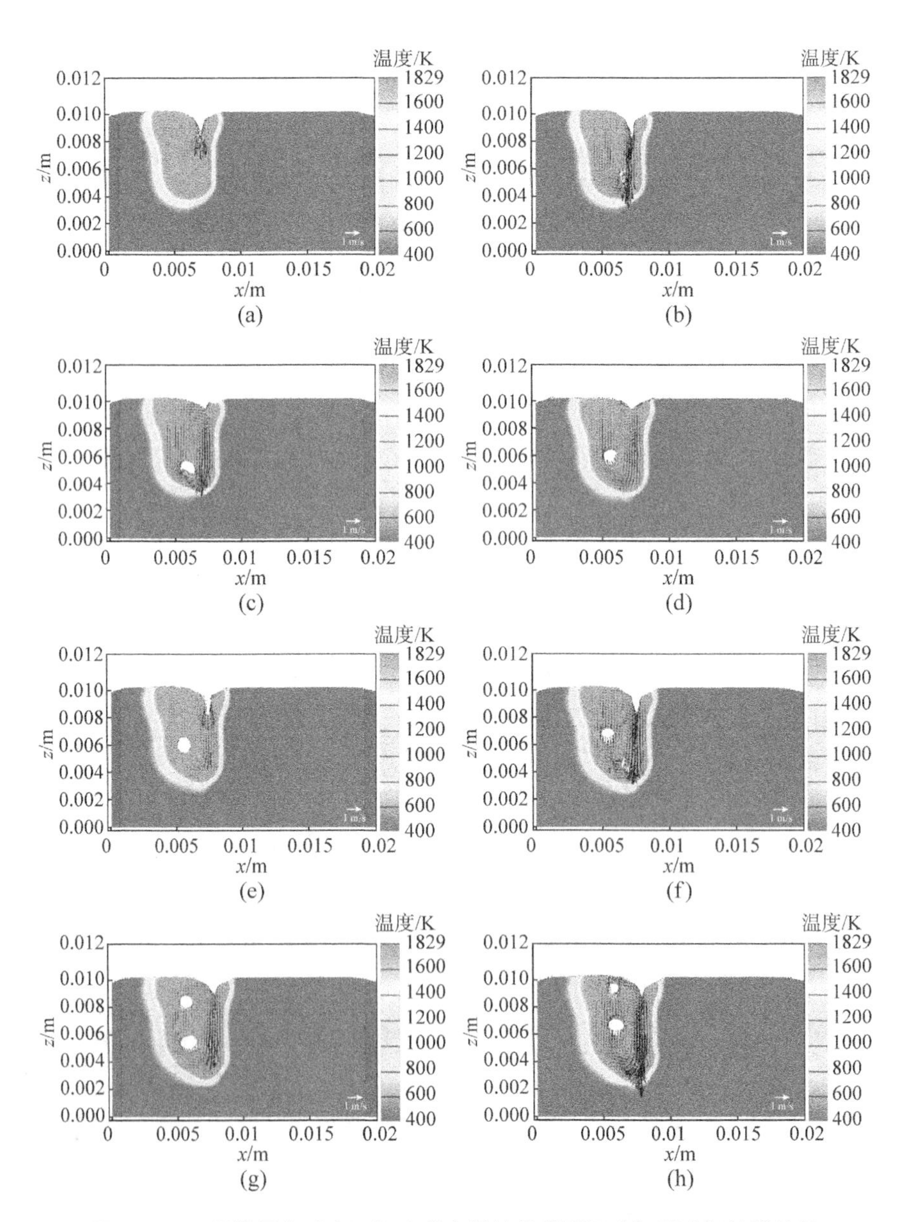

图 6.23 不同热导率时水下湿法激光焊接纵截面温度场及流场计算结果

(a) $t=0.398$s；(b) $t=0.414$s；(c) $t=0.43$s；

(d) $t=0.454$s；(e) $t=0.47$s；(f) $t=0.494$s；

(g) $t=0.534$s；(h) $t=0.558$s

6.5　小结

分别使用 SYSWELD 和 Fluent 对 TC4 钛合金水下湿法激光焊接的熔池温度场、残余应力场和熔池流场进行了仿真，主要有以下结论。

（1）使用双椭球体+锥体热源模型进行仿真，获得的温度场较好地吻合了水下湿法激光焊接的焊缝。焊缝中心处，焊接过程中温度在短时间内迅速升高到接近3000℃，而热影响区的温度未达到熔点，随着光斑的移动，熔池温度在几十秒内降至500℃以下。

（2）残余应力场结果表明：外表面横向应力为压应力，熔合区中下部横向应力为拉应力；外部厚度方向应力较小，内部存在较大的厚度方向应力。焊缝外表面纵向应力为拉应力，熔池应力大于表面纵向应力；焊缝表现为较大的等效应力。

（3）匙孔壁的稳定性与顺时针涡流程度密切相关。在激光焊接过程中，对于前匙孔壁，由于入射激光束辐照后激光能量密度相对稳定，使其流态相对较为稳定。

（4）匙孔壁上部液态金属发生凸起，导致匙孔发生坍塌，在熔池中形成气泡。气泡在熔池流体带动下向熔池底部、后部移动。由于湿法焊接时基体完全暴露在周围水环境中，熔池上表面冷却速度更快，导致气泡难以脱离熔池，在熔池凝固后形成气孔缺陷。

（5）增大激光功率有利于减少焊缝中的气孔缺陷。当激光功率增大时，熔池流动加快，气泡形成—上浮—逸出周期短；气泡逸出位置靠近匙孔，逸出阻力小；熔池存在时间长，气泡逸出时间更充裕。因此，可通过适当增大激光功率的方式减少或消除焊缝中的气孔缺陷。

第 7 章

TC4 钛合金水下湿法激光焊接辅助剂设计及机理研究

7.1 引言

通过对水下湿法激光焊接可行性的探索，可以发现在 3kW 的激光功率下，金属表面的水深超过 7mm 时，会产生一种水蒸气的光致等离子体，对激光具有强烈的屏蔽作用，导致焊接无法进行；即使在较浅的水中进行湿法焊接时，由于周围水对熔池的急速冷却作用，导致焊缝中存在气孔、裂纹、淬硬组织等焊接缺陷。可见水的存在对湿法激光焊接具有十分不利的影响。如何在不使用其他装置的前提下排除水对焊接的不利影响、增加可焊接深度，对水下湿法激光焊接来说具有重要意义。

本部分通过引入一种焊接辅助剂，为水下湿法焊接的焊接区域提供一种干燥氛围，增加湿法激光焊接的可焊深度，改善焊缝性能。试验将从焊接辅助剂成分设计入手，通过理论分析和计算选择合适辅助剂成分，并在试验的基础上优化辅助剂焊接工艺，在获得成形质量较好的焊缝的同时，评价焊接辅助剂对焊缝的组织演化与性能所带来的影响。

7.2　焊接辅助剂设计

7.2.1　激光与金属的相互作用

激光与金属的相互作用十分复杂，是一个设计诸多学科领域的过程，包括金属材料对激光能量的吸收、金属材料被加热、熔化、汽化、冷却、凝固及等离子体化等。

激光照射到金属表面，会发生反射、吸收和透射，但金属作为一种不透明材料，一般情况下认为，其透射率 $T\approx0$，因此在计算时只考虑反射和吸收。

金属对激光能量的吸收是高频电磁场与自由电子作用的结果，自由电子在激光作用下发生高频振动，通过轫致辐射部分能量以反射光的形式向外辐射，其余转化为电子的平均动能，再通过电子与晶格间的弛豫过程转变为热能。对大多数金属来说，吸收仅发生在材料表面 0.01～1.00μm 的范围内。当金属表面被加热后，热量通过热传导的形式向低温区传递。

在不考虑透射的前提下，金属的吸收率与反射率有以下关系：

$$A+R=1 \tag{7.1}$$

式中，A 为金属吸收率；R 为反射率。

通常情况下，金属的反射率 R 在 0.7～0.9 之间，因此吸收率相对较低。需要指出的是，金属对激光的吸收率不是一个固定值，它与激光波长以及金属材料性质、温度、表面状况等有关。

试验研究的激光波长为 1070nm，为不可变量，下面只讨论材料性质、温度和表面状况对金属吸收率的影响。根据麦克斯韦波动理论，对于具有复折射率 $\tilde{n}=n+ik$ 的材料，当激光垂直入射到表面时，其界面处的反射率为

$$R=\frac{(n-1)^2+k^2}{(n+1)^2+k^2} \tag{7.2}$$

式中，n 为折射率（复折射率的虚部）；k 为消光系数或吸收指数（复折射率的虚部）。金属的 n 和 k 均为波长 λ 和温度 T 的函数。

在不同的文献中，学者们给出了不同的计算方法。如在文献［117］认为金属的吸收率 A 与激光波长 λ 和金属的直流电阻率 ρ 之间存在如下关系：

$$A=0.365\sqrt{\rho/\lambda} \tag{7.3}$$

文献［118］对式（7.3）进行了改进，认为金属材料的吸收率可用式（7.4）计算获得：

$$A=0.365\{\rho_{20}[1+\rho(T-293)]/\lambda\}^{0.5}-0.0667\{\rho_{20}[1+\rho(T-293)]/\lambda\}+0.006\{\rho_{20}[1+\rho(T-293)]/\lambda\}^{0.2} \tag{7.4}$$

式中，ρ_{20} 为材料在 20℃时的电阻率，Ω/m；ρ 为金属的电阻率，Ω/m；T 为开尔文温度，K；λ 为激光波长。

通过查询相关资料，纯钛在 20℃时的电阻率 $\rho_{20}=5.4\times10^{-7}$Ω/m。试验中激光波长 $\lambda=1070$nm，分别代入式（7.3）、式（7.4）计算可得纯钛在 20℃时对波长 1070nm 激光的吸收率分别为 0.26、0.23。由此可见，在 20℃时，TC4 钛合金对波长 1070nm 的激光吸收率仅为 25% 左右，激光利用率比较低。

但材料的电阻率是一个随温度变化较大的函数，因此激光吸收率随温度升高而变大，当金属温度接近熔点时，其吸收率可达 40% ~ 50%，而当温度接近沸点时，吸收率能达到 90%。

另外，金属材料对激光的吸收率还跟表面状况有很大关系（表 7.1），可见随着粗糙度的增加，激光吸收率变大，尤其是当表面不平整度在激光波长量级左右时，吸收率变化较大。需要指出的是，这种现象只在室温时表现明显，随着温度的增高，该现象减少，温度达到 600℃后，粗糙度对激光吸收率几乎没有影响。

表 7.1　表面粗糙度对吸收率的影响

表面状态	表面粗糙度 Ra/μm	对 CO_2 激光的吸收率（λ=10.6μm）/%	对 Nd：YAG 激光的吸收率（λ=1.06μm）/%
抛光	0.02	5.15~5.25	29.95~30.00
碾磨	0.21	7.45~7.55	38.90~40.10
碾磨	0.28	7.70~7.80	40.20~41.40
磨削	0.87	5.95~6.05	33.80~34.20
磨削	1.10	6.35~6.45	34.10~34.40
磨削	2.05	8.10~8.25	41.80~42.50
磨削	2.93	11.60~12.10	52.80~53.20
磨削	3.35	12.55~12.65	51.40~51.70
砂纸打磨	1.65	33.85~34.30	68.20~68.40

因此，可以通过在室温下向金属表面涂覆涂层的方法增加表面粗糙度，增大激光的吸收率。对于水下湿法激光焊接来说，提高金属初始吸收率以形成匙孔效应决定着焊接是否能够进行。对此，可以从三个途径出发：一是减少激光在水中传输的损耗，二是提高金属温度，三是改变金属表面状态。综合考虑以上途径，本书尝试使用一种激光焊接辅助剂+自蔓延材料的办法提高激光焊接的可焊深度。

7.2.2　激光与等离子体的相互作用

在水下湿法激光焊接过程中，一个重要的现象是当水深超过 7mm 后，光致等离子体将对激光产生强烈的屏蔽作用，导致焊接无法进行。了解等离子体产生的原因、激光与等离子体相互作用机制，并采取一定的措施减弱或消除等离子体对激光的衰减，对水下湿法激光焊接来说具有重要的意义。

等离子体的形成需要一定的条件，通常情况下可以用萨哈方程（Saha equation）来阐述这一现象[119]：

$$\frac{n_i}{n_n} = c_m \frac{T^{\frac{3}{2}}}{n_i} \exp\left(\frac{-U_i}{k_B T}\right) \tag{7.5}$$

式中，n_i 为已电离粒子的密度；n_n 为中性粒子的密度；c_m 为电离因子，其值约为 2.4×10^{15}；T 为气体温度；k_B 为玻尔兹曼常数，其值为 1.38×10^{-23} J/K；U_i 为粒子的电离能。

同时，理想气体密度计算公式为

$$n_n = \frac{PN_A}{RT} \tag{7.6}$$

式中，P 为气体压力；N_A 为阿伏伽德罗常数，其值为 6.02×10^{23}；R 为理想气体常数，其值为 8.314J/(mol·K)。

将式（7.6）代入式（7.5）有：

$$n_i^2 = \frac{PN_A}{R}c_m T^{\frac{1}{2}}\exp\left(\frac{-U_i}{kBT}\right) \tag{7.7}$$

式（7.7）表示了气体电离的难易程度。由于等离子体膨胀至最大时可认为其内部压力与环境压力相当，因此 P 可取大气压力，此时式中 PN_Ac_m/R 为常数，其值约为 1.73×10^{43} Pa/(mol·K·J)。由此可见，气体电离难易程度与温度和电离能有关。经查阅，H_2O 的电离能是 12.64eV，OH^-的电离能是 1.82eV，CO_2 的电离能是 13.81eV，CO 的第一电离能为 11.13eV[120-121]。利用式（7.7）可以得到以上气体分子在不同温度下的电离密度，如图 7.1 所示。从图中可以看出，由萨哈方程计算得到的气体的电离密度与电离能有很大的关系，CO_2 和 OH^- 电离能相差 12eV，但在温度 2000K（1726℃）时，CO_2 的电离密度仅为 1.16×10^5，而 OH^-的电离密度却高达 1.43×10^{20} 量级。根据图 7.1 可以得出这四种气体的电离难易程度为 $OH^- < CO < H_2O < CO_2$。

激光在等离子体中传播时其频率 ω 和波数 k 必须满足色散关系，其传播因子满足下式：

$$\exp(ikx-i\omega t) = \exp(-|k|x-i\omega t) \tag{7.8}$$

式（7.8）说明，如果激光频率低于等离子体频率，激光将无法传播。定义：当等离子体频率等于激光频率时的密度为临界密度，则有

$$n_c = \frac{\varepsilon_0 m_e \omega^2}{e^2} \approx \frac{10^{21}}{\lambda^2} \tag{7.9}$$

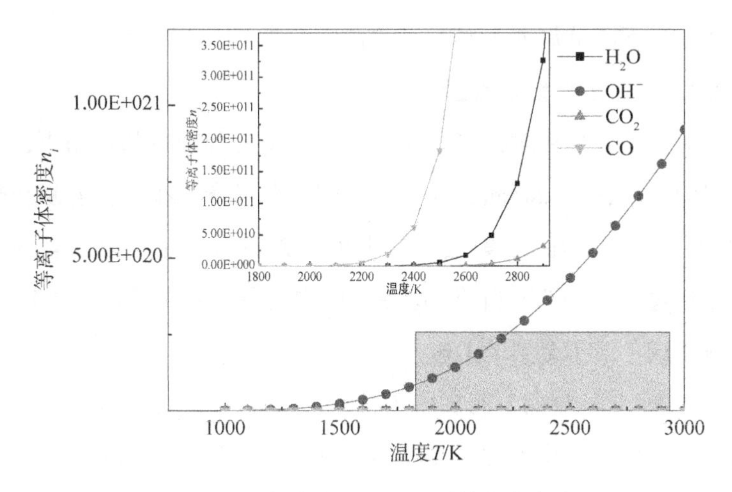

图 7.1　气体在不同温度时的电离密度

式中，λ 为激光波长，单位为 μm。

式（7.9）说明，激光波长越短，临界密度越大。对于波长为 1070nm 的激光来说，其临界密度约为 10^{21}。当等离子体的密度大于 10^{21} 时，激光将被全部反射，即等离子体对激光产生了屏蔽。

根据水下湿法焊接温度场模拟结果，熔池中心瞬时温度高达 3000℃（3273K），结合图 7.1 可知，当温度达到 3000K 以上时，OH^- 的电离密度将达到 10^{21} 量级，即前文所述水蒸气等离子体对激光产生屏蔽。而此时 CO_2 的电离密度仅为 4.3×10^{11} 量级，远低于临界密度。因此，设计一种能够营造 CO_2 气体氛围的焊接辅助剂将大大降低等离子体的密度，减少激光传播过程中的衰减，从而提高激光湿法焊接的可焊深度。

7.2.3　焊接辅助剂成分选择

7.2.3.1　降低等离子体密度

如前所述，在进行湿法焊接时，如果能够形成一种富 CO_2 的气体保护氛围，对减少等离子体的形成是十分有利的，因此焊接辅助剂的成分优先选择 $CaCO_3$。$CaCO_3$ 在加热到 900℃ 时会分解成 CaO 和 CO_2，为焊接提供保护气体。另外加入 $CaCO_3$ 的另一个好处是能够减少 H_2 在气体中的分压，进而降低焊缝中扩散氢的含量。

7.2.3.2 减少扩散氢含量

水下湿法激光焊接时，熔池在周围水环境的强烈冷却作用下，在非常短的时间内急速冷却凝固，导致焊缝中扩散氢含量很高，容易在焊缝中产生氢致裂纹。为降低焊接过程中熔池扩散氢含量，通常有两种方式：一是通过添加 $CaCO_3$ 降低 H_2 在气体中的分压；二是通过添加 CaF_2 与氢反应生成不溶于金属的 HF。

Gretskii 等[122] 研究了药皮中 $CaCO_3$、CaF_2 含量对焊缝中扩散氢含量的影响，指出药皮中 $CaCO_3$ 的含量增加，分解产生的 CO、CO_2 气体量增加，降低了电弧气泡中 H 的比重，从而减少焊缝中扩散氢的含量。增加药皮中 CaF_2 的含量能有效降低焊缝金属中扩散氢含量。因此在辅助剂中加入 $CaCO_3$、CaF_2 能够降低焊缝中扩散氢的含量，从而降低氢致裂纹的概率。

7.2.3.3 造渣保护焊缝

在水下湿法激光焊接的情况下，当水深较大时，虽然焊接时激光反冲力和内部气体压力的共同作用下能够短暂地、周期性地将水从焊接区域排开，但一旦激光离开，焊缝周围的水在重力作用下迅速覆盖到焊缝上，此时的焊缝尚未完全凝固或者刚刚凝固，周围的水会造成焊缝氧化等，因此在辅助剂中需要提供一种造渣剂。在湿法焊接时对焊缝起到渣-气联合保护的作用。考虑到基体为 TC4 钛合金，试验中选用了 TiO_2 作为造渣剂。

表 7.2 给出了激光焊接中常用的活性剂。

表 7.2 激光焊接中常用的活性剂

类型	活性剂
氧化物	B_2O_3，Cr_2O_3，CaO，MgO，MnO_2，TiO_2，ZnO，ZrO_2
卤化物	AlF_3，KCl，MgF_2，CaF_2，NaF
碳酸盐	$CaCO_3$，$MgCO_3$，Li_2CO_3，K_2CO_3，Na_2CO_3

研究表明，活性剂在激光焊接中能够起到增加熔深的作用。上述焊接辅助剂中选择的 $CaCO_3$、CaF_2、TiO_2 三种成分，均为激光焊接活性剂。因此，除上述营造气体氛围、除氢、造渣等作用外，从理论上看，辅助剂应该能在一定程度上增加激光焊接的熔深。

7.2.3.4　提供额外的热量

进行水下湿法激光焊接时，当水深超过 7mm 时，由于等离子体对激光的屏蔽作用，导致到达金属表面的激光能量不足以熔化金属。而当金属温度较低时，其对激光吸收率很小，因此，若能提供一种额外的热源，在焊接时辅助激光加热金属将会对超过 7mm 水下的湿法激光焊接产生有益影响。

试验的焊接辅助剂使用了自蔓延材料。自蔓延材料在激光照射下被点燃，而后发生剧烈的放热反应，除为焊接提供额外的热源外，剧烈的化学反应有助于在金属表面形成稳定的激光通道。所选用的体系为 $Al+Fe_2O_3$、$Al+Cr_2O_3$、Al+Ti 及 Al+Fe 等体系。

7.3　水下湿法激光焊接辅助剂工艺研究

7.3.1　自蔓延材料种类对焊缝成形的影响

选取了四种自蔓延材料体系作为焊接辅助剂中的添加材料，分别为 $Al+Cr_2O_3$、Al+Fe、$Al+Fe_2O_3$、Al+Ti，按照自蔓延反应的质量比用电子天平精确称量后充分混合均匀，而后与等重量的 $CaCO_3$、CaF_2、TiO_2 混合均匀，使用黏结剂将其预置在钛合金基材的表面，预置厚度约为 0.3mm。激光功率为 3kW，焊接速度为 5mm/s，离焦量为 0mm，分别在水下 8mm、10mm、12mm 进行了湿法焊接。焊接后的宏观形貌如图 7.2 所示。

从图 7.2 中可以看到，使用自蔓延材料后，在水下 8mm、10mm、12mm 均能够进行湿法激光焊接，且随着水深的增加，焊接区宽度

(图6.2中钛合金表面颜色发生变化的区域)均呈现减小的趋势。四种材料中焊接区域最大的为 $Al+Fe_2O_3$ 材料,最小的为Al+Fe。由于焊接辅助剂中存在造气成分 $CaCO_3$,使用的黏结剂为高分子化合物在激光作用下也会分解产生气体,因此焊接区域周围的辅助剂在气体的反冲力作用下发生了翘起。生成的气体有助于将焊接区域的水排开,有利于激光能量的传播。同时可以看到,在Al+Fe体系的焊接辅助剂中,焊接后,辅助剂预置层出现了氧化现象,这是辅助剂中的Fe在空气中与水作用发生了氧化;而 $Al+Fe_2O_3$ 体系的焊缝边缘处出现氧化现象,这是Al和 Fe_2O_3 发生氧化还原反应生成的Fe在空气中被氧化造成的。

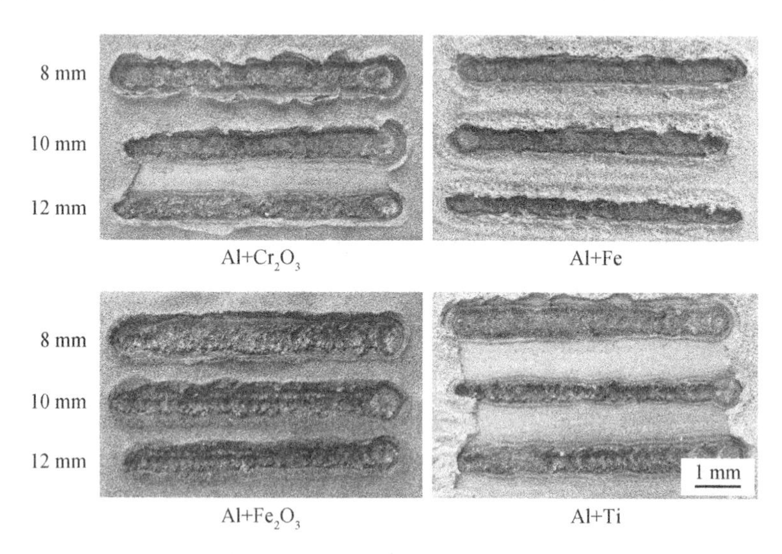

图7.2　四种不同自蔓延材料在不同水深下焊缝宏观形貌

图7.3为使用焊接辅助剂进行焊接时的原理示意图。当水深为10mm时,焊接区域周围的水在激光作用下蒸发汽化,形成气泡,气泡内主要成分为水蒸气。水蒸气在激光作用下, OH^- 和 H_2O 容易发生电离(图7.1),形成等离子体,当等离子体达到一定密度时,将对激光产生严重的屏蔽作用,进而导致焊接无法进行,如图7.3(a)所示。引入焊接辅助剂后,激光首先与焊接辅助剂接触,焊接辅助剂中的 $CaCO_3$ 在激光作用下迅速发生分解,生成的大量 CO_2 在焊接区域形成气泡,降低了

水蒸气在气体中的分压，相比于OH^-和H_2O，CO_2较难发生电离，因此气泡中等离子体密度低，对激光影响较小，激光能够顺利达到金属表面，如图7.3（b）所示。金属在激光作用下汽化蒸发，并形成匙孔，金属蒸气进一步增大了气泡内部的压力。当气泡内的压力足够大时，气泡能够突破周围水的束缚，焊接能够稳定进行，如图6.3（c）所示。

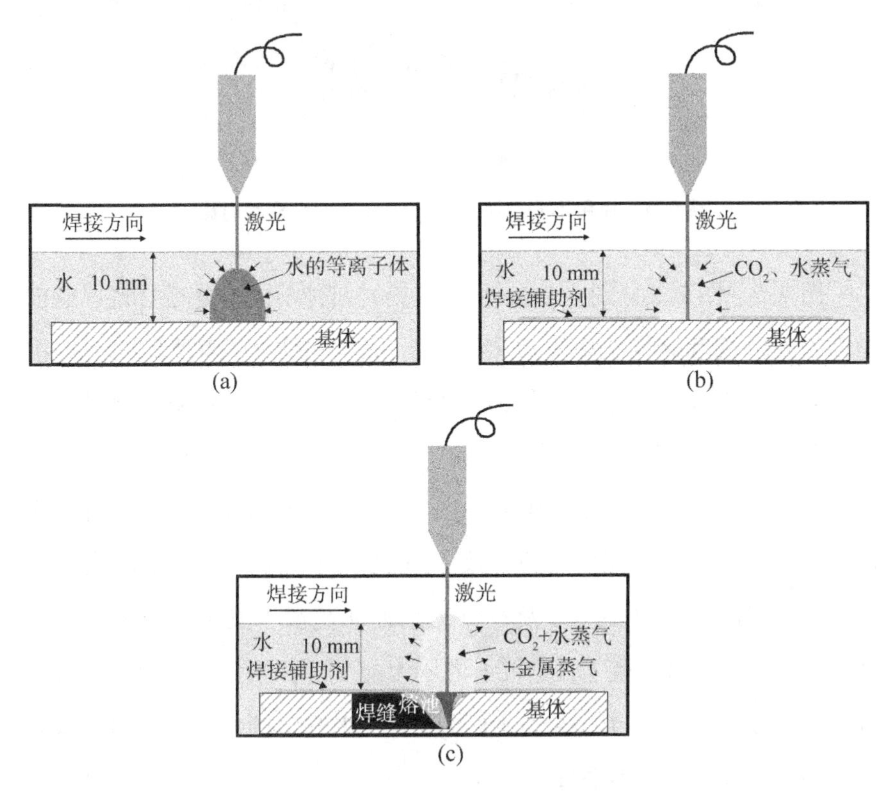

图7.3 辅助剂焊接原理示意图

图7.4为使用焊接辅助剂前后焊缝宏观形貌的对比。可以看到在水深8mm下进行焊接时，未使用焊接辅助剂的焊接仅在金属表面留下了激光烧灼的痕迹，基体熔化非常有限，并未形成实质意义上的焊接。而使用了焊接辅助剂后，在自蔓延材料和渣气联合保护作用下，激光能够达到金属表面，从而形成了有效焊接。同时也可以发现，四种辅助剂焊缝连续性及平整度都比较差，其中$Al+Fe_2O_3$体系的焊缝表面略好于其他三种。

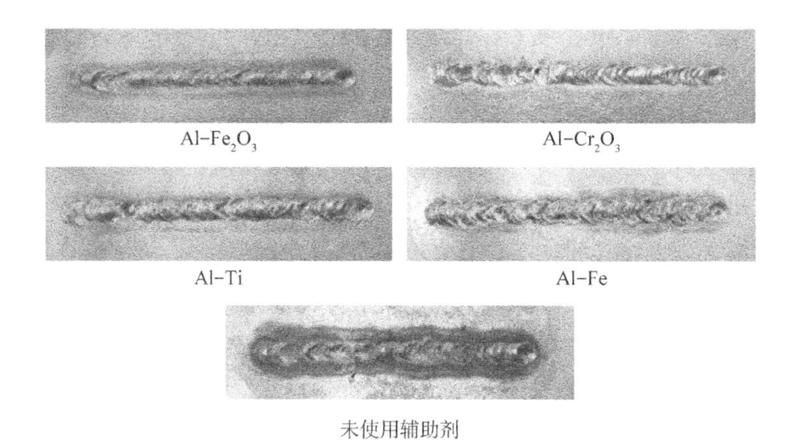

图 7.4　使用不同自蔓延材料的焊缝宏观形貌对比

图 7.5、图 7.6 分别为 8mm 水下焊接时四种不同自蔓延材料焊缝横截面宏观形貌和熔深、熔宽。从图 7.5 可以看到，在四种辅助剂作用下，8mm 水下湿法激光焊接均形成了有效的焊接，四种焊缝均呈现“钉头形”，为典型的激光深熔焊接形貌。从图中可以看到，焊缝的上表面不平整，造成这种现象的原因有两个：一是由于辅助剂中自蔓延材料在激光作用下发生了剧烈的反应，反应过程中造成了周围熔池的剧烈扰动；二是辅助剂中的 $CaCO_3$ 及有机黏结剂在高温下发生分解生成了气体，并在焊接区域形成了具有较大内压力的气泡，当气泡破裂时，对熔池产生了较大的反冲力，熔池的高温金属在水的急冷作用下迅速冷却凝固，造成了焊缝表面不平整。

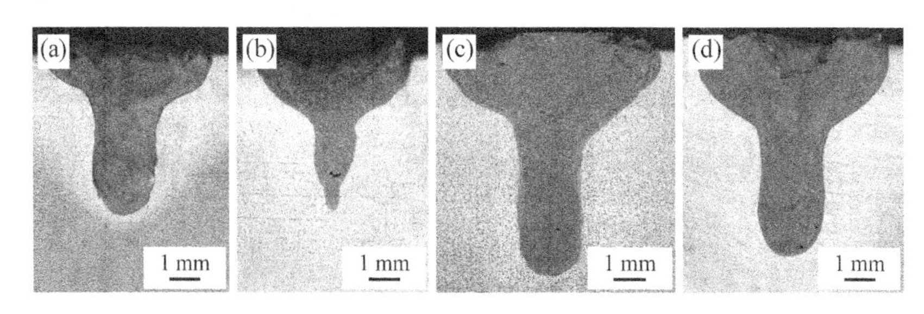

图 7.5　四种自蔓延材料 8mm 水下焊接焊缝横截面

（a）Al+Cr_2O_3；（b）Al+Fe；（c）Al+Fe_2O_3；（d）Al+Ti

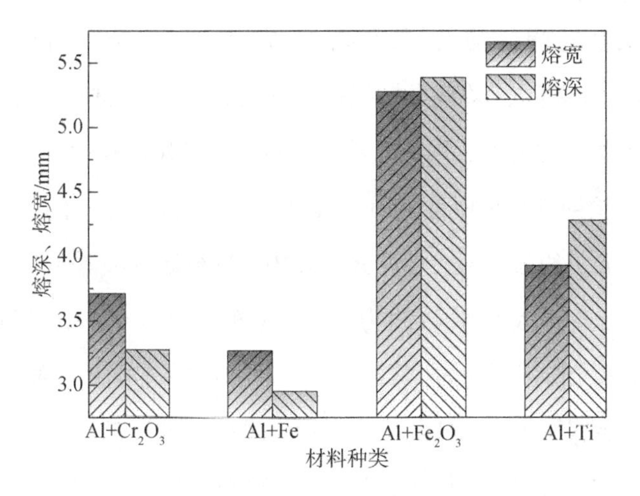

图7.6 四种自蔓延材料8mm水下焊接焊缝熔深、熔宽

从图7.6中可以看到，四种焊接辅助剂相互比较，$Al+Fe_2O_3$体系的熔深、熔宽最大，其次为Al+Ti体系，Al+Fe体系熔深最小。在四种焊接辅助剂中，$Al+Fe_2O_3$、Al+Ti、$Al+Cr_2O_3$均能发生自蔓延反应，其反应方程如下所示：

$$2Al + Fe_2O_3 \longrightarrow 2Fe + Al_2O_3 + 856.6kJ/mol \tag{7.10}$$

$$2Al + Cr_2O_3 \longrightarrow 2Cr + Al_2O_3 + 535.6kJ/mol \tag{7.11}$$

$$3Al + Ti \longrightarrow Al_3Ti + 142.72kJ/mol \tag{7.12}$$

$Al+Fe_2O_3$体系是最常用铝热反应体系，使用激光点燃后，反应剧烈，得到Al_2O_3和Fe单质并放出大量的热，温度可达约2500℃，超过TC4钛合金的熔点。通过上述探索，最终确定$Al+Fe_2O_3$体系作为辅助剂中的辅助热源。

7.3.2 预置厚度对焊缝成形的影响

使用活性剂辅助激光深熔焊接时，活性剂的涂覆厚度影响激光能量的吸收。当活性剂较少时，涂覆厚度越大，越有利于激光能量的吸收，深熔焊形成的匙孔越深；但活性剂也不宜过多，否则不仅活性剂均匀性难以保证，还会带来诸如飞溅等其他问题。

对上文所述焊接辅助剂而言，其成分中既有起到活性剂作用的 TiO_2、CaF_2、$CaCO_3$，又有为焊接提供热量的自蔓延材料，还有为焊接提供气体保护的 $CaCO_3$，因此其涂覆厚度对焊接影响较大。

当焊接辅助剂涂覆厚度为 0.3mm 时，焊接区域涂覆的 $Al+Fe_2O_3$ 体系的辅助剂质量约为 0.5g，按照式（7.10）进行计算可得焊接过程中 $Al+Fe_2O_3$ 体系自蔓延反应放热约为 2kJ。焊缝长度为 65mm，焊接速度为 5mm/s，则激光作用时间为 13s，不考虑激光传播过程中的损失，假设所有能量均被金属所吸收，则激光为焊接提供的热量为 3kW×13s = 39kJ。自蔓延放热能量仅为激光能量的 5.1%，可见焊接过程中激光仍是主要热源。

图 7.7 是在 8mm 水下焊接时不同涂覆厚度对应的熔深。随着涂覆厚度的增加，熔深呈现先增加后减少的趋势，涂覆厚度为 0.3mm 时，焊缝有最大熔深。涂覆厚度的增加使单位长度焊缝上焊接辅助剂含量增大，在焊接过程中能够为焊接提供更多的热量和气体保护，但在焊接过程中，激光是提供焊接所需能量的主要热源，自蔓延材料的反应发热只是起到辅助作用，当焊接辅助剂涂覆厚度过大时，激光达到金属表面时的正离焦越大，光斑发散，能量不集中，不利于在匙孔中吸收能量，因此，当焊接辅助剂超过 0.3mm 后，熔深随着焊接辅助剂厚度的增加而减小。

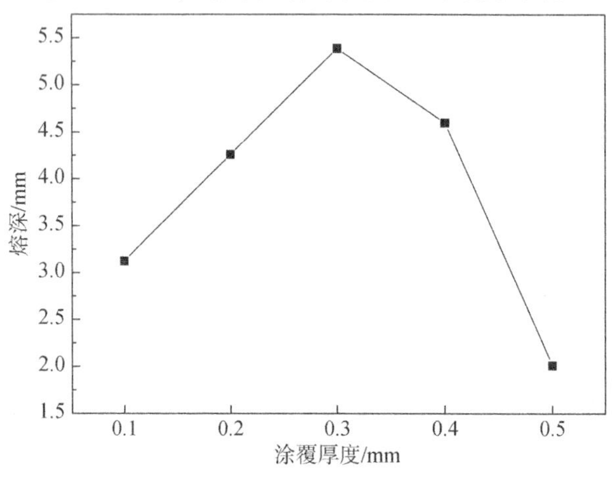

图 7.7　8mm 水下焊接时熔深随涂覆厚度变化曲线

7.4　水下湿法激光焊接辅助剂焊接焊缝性能

7.4.1　焊缝宏观形貌

将焊接辅助剂预置在 TC4 钛合金表面，使用相同的工艺参数分别在 8~11mm 水深下进行焊接，焊接完成后，去除表面的涂覆层和焊缝表面的焊渣，得到如图 7.8 所示的焊缝。

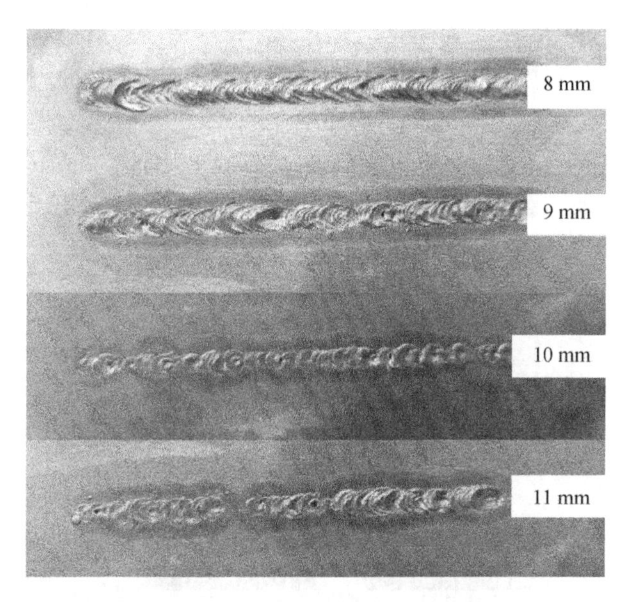

图 7.8　预置焊接辅助剂后水下湿法激光焊接焊缝宏观形貌

从图 7.8 中可以看到，当预置了焊接辅助剂后，可焊水深明显增加，水深 8mm 下的焊缝均匀美观，无明显缺陷；当水深继续增加时，焊缝表面可以观察到气孔，这主要是在水下焊接时，由于工件被水包围，散热极快，进入熔池中的水被加热蒸发，在上浮过程中，熔池已经冷却凝固，因此在焊缝的表面留下了气孔。通过预置焊接辅助剂，可以将可焊水深增加到 11mm 左右。

图 7.9、图 7.10 为焊缝纵向不同位置处的 CT 照片。左侧焊缝 A 为

未使用焊接辅助剂的焊缝，右侧焊缝 B 为使用了焊接辅助剂的焊缝，红色虚线为熔池的大致位置。图 7.9（a）~（e）分别为试件上的不同位置处的 CT 照片。从图中可以清楚地观察到，使用自制的焊接辅助剂后，在焊缝中部焊件的背面出现了一些凸起，说明在这些位置基体全部熔化，被完全熔透，而未使用焊接辅助剂的焊缝未观察到此现象，说明研制的焊接辅助剂对增加焊缝的熔深有较大作用。同时在未使用焊接辅助剂的焊缝中有较多裂纹，裂纹多出现在熔合线附近，并沿着熔合线扩展，直至熔池底部。

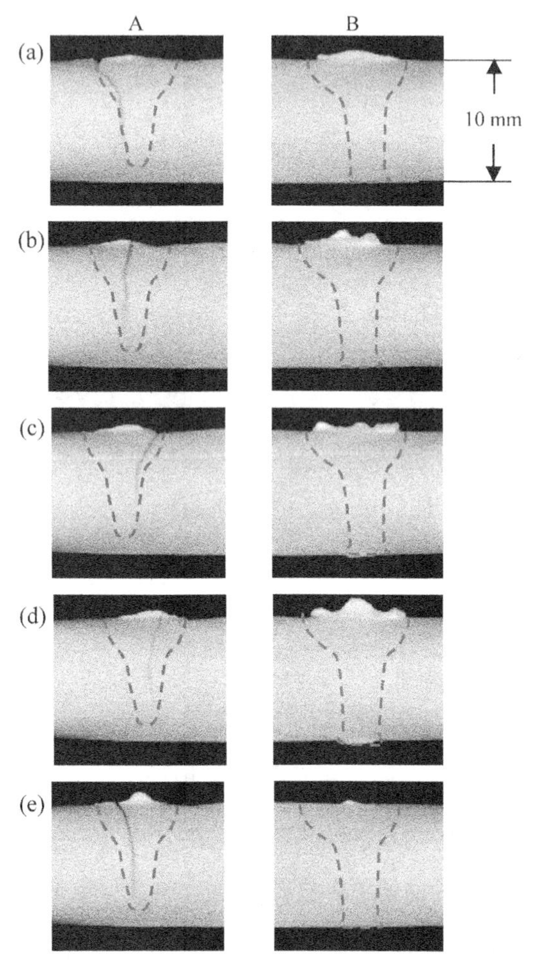

图 7.9　焊缝纵向上的裂纹

从图 7. 10 中可以看到，在未使用焊接辅助剂的焊缝中出现多处气孔，这主要是焊接过程中匙孔塌陷，匙孔中的气体被卷入熔池并随熔融金属流动，在熔池快速凝固过程中，这些被卷入熔池的气体来不及逸出，以气孔的形式存在于焊缝中。而在右侧使用自制的焊接辅助剂的焊缝中未观察到气孔，说明辅助剂在焊接过程中对熔池起到了隔离、加热和缓冷作用。

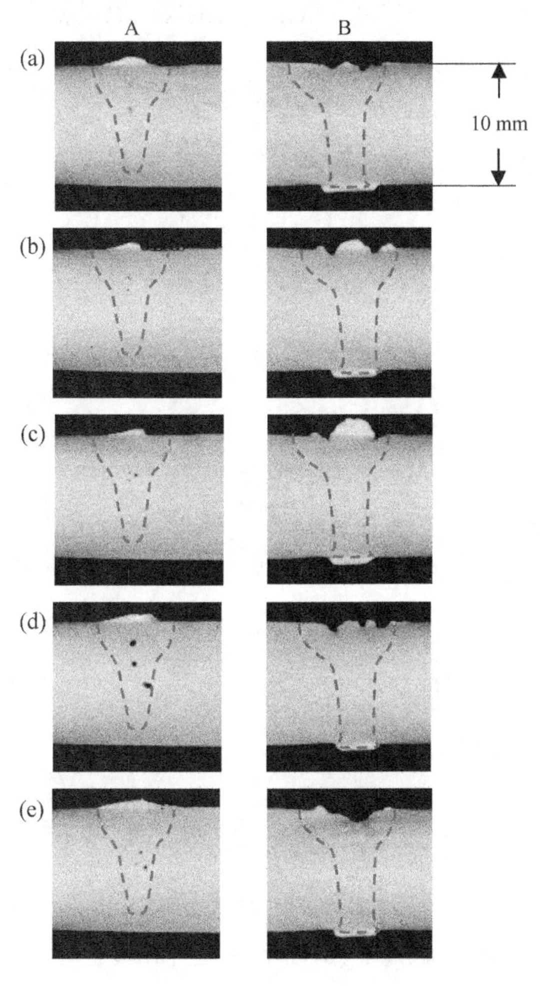

图 7. 10　焊缝纵向上的气孔

图 7. 11 是焊缝厚度方向上的 CT 照片，图中焊缝 A 为未使用焊接辅

助剂后的焊缝，焊缝B为使用焊接辅助剂的焊缝，图（a）为熔池上部，图（b）为熔池中部，图（c）为熔池底部。使用焊接辅助剂后，由于辅助剂中的自蔓延成分反应剧烈，加之辅助剂中含有大量造气成分，气体在逸出时对熔池产生强烈的反冲力，因此熔池表面不平整，如图7.11（a）所示。未使用辅助剂的焊缝在表面及中部有垂直于焊缝的贯穿性裂纹，如图7.11（a）、（b）所示，说明焊接后在沿着焊缝方面有较大的残余应力，这与仿真及残余应力的实际测量相符。

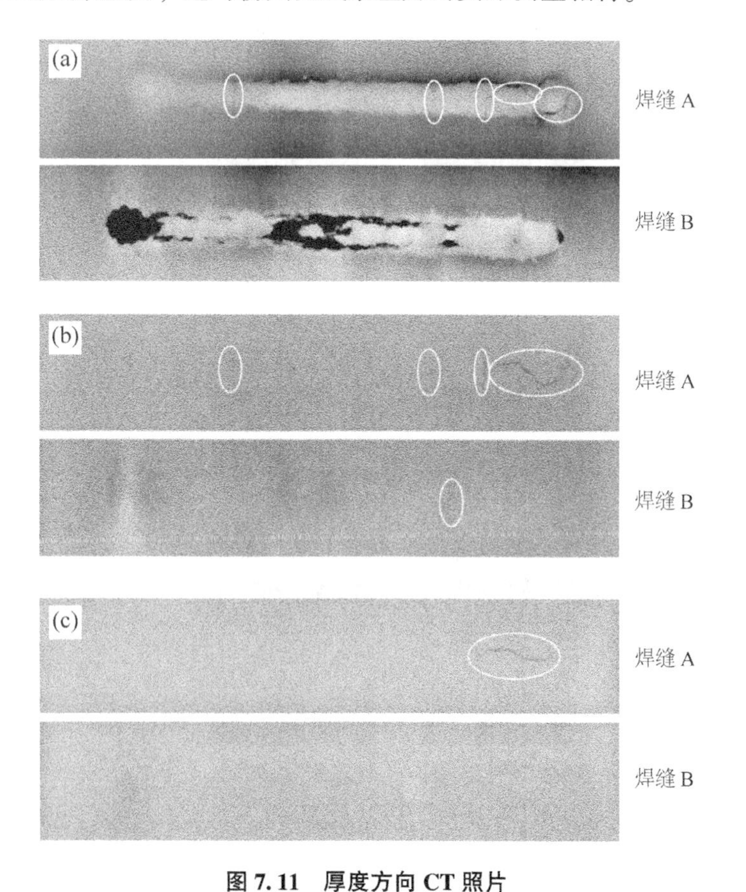

图7.11 厚度方向CT照片

（a）熔池上部；（b）熔池中部；（c）熔池底部

图7.12是预置焊接辅助剂前、后焊缝的横截面对比。可以看到，在相同的工艺参数下使用焊接辅助剂后，熔深明显增加。与未使用辅助

剂的焊缝相比，熔深增加了 2.6mm 左右。同时可以看到，使用焊接辅助剂的焊缝中未见裂纹。这可能是由于自蔓延材料在被激光诱导点燃后，反应放热，增加了焊接的热输入，焊缝冷却速度变慢，降低了热裂纹的敏感性。同时涂覆材料中的 $CaCO_3$ 受热分解释放 CO_2，有助于减少焊缝金属中的氢含量。此外，焊接辅助剂中的 CaF_2 与焊缝金属中的氢反应，降低了扩散氢对焊接的危害。

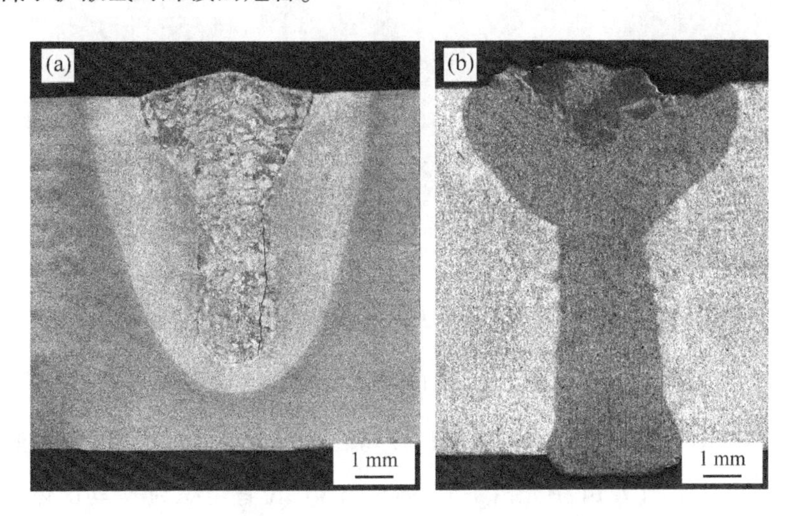

$P=3\text{kW}$，$v=5\text{mm/s}$，$d=-2\text{mm}$，$h=4\text{mm}$

图 7.12 预置焊接辅助剂前、后焊缝的横截面对比

(a) 未使用焊接辅助剂的焊缝；(b) 使用了焊接辅助剂的焊缝

7.4.2 焊缝显微组织

图 7.13 是预置焊接辅助剂后水下湿法激光焊接焊缝不同位置的组织。从图中可以看到，使用焊接辅助剂后的焊缝组织发生了明显变化。在熔池中心焊缝底部，β 相晶粒消失，但保留了粗大的 β 晶界，转变成大量短小的、棒状马氏体组织 α′。在熔池顶部，β 相完全消失，全部转变为 α′，分布于初生 α 相中。同时观察到在熔池顶部分布着一些颗粒状的物质，对应于金相图片中的黑色区域，颜色深的区域分布比较密集，并逐渐向浅色区域过渡。

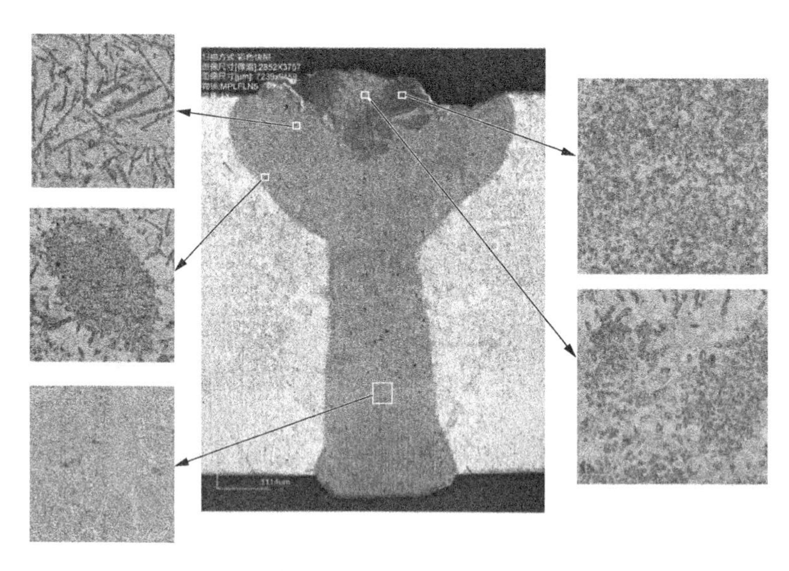

图 7.13　预置焊接辅助剂后水下湿法激光焊接焊缝不同位置的组织

分别对焊缝处和熔池顶部的颗粒状组织进行了 EDS 分析，其结果如图 7.14、图 7.15 所示。根据组织的形貌，结合 TC4 钛合金的组织演变规律，可认定图 7.14 中光谱 1（Spectrum 1）位置组织为 α′马氏体，光谱 2（Spectrum 2）位置组织为初生 α，对比其成分发现，在 α′中 Al 和 V 含量均低于初生 α。而在熔池顶部的组织中 Al、V 含量接近 α′，结合焊缝的 XRD 及金相组织形貌，可判定其应为马氏体 α′组织。

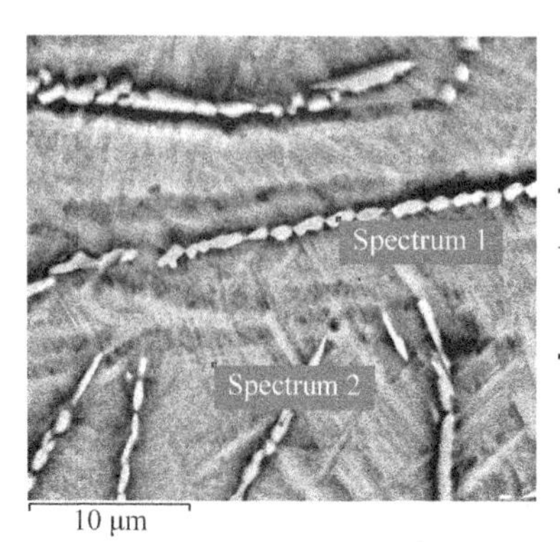

单位：%

谱图	Al	Ti	V
1	4.02	93.24	2.75
2	7.08	88.88	4.04

图 7.14　焊缝中心处 EDS 图谱

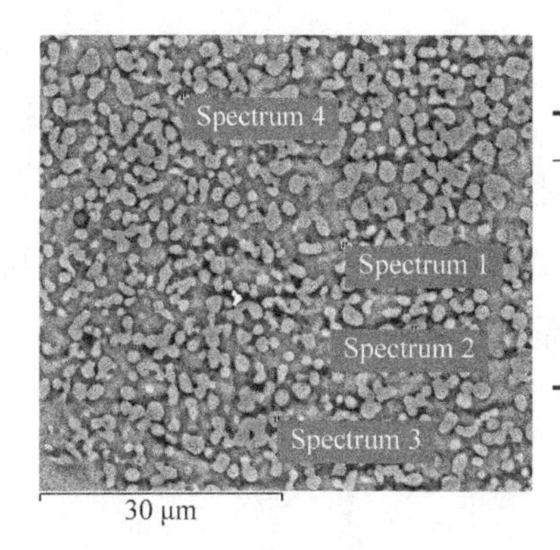

单位：%

谱图	Al	Ti	V
1	4.52	92.54	2.93
2	0.56	96.49	2.95
3	1.43	96.64	1.93
4	4.12	93.28	2.60
平均	2.66	94.74	2.60

图 7.15　熔池顶部颗粒物 EDS 图谱

图 7.16 是熔池上部高分辨 TEM 照片及选区电子衍射图谱。通过选区电子衍射图谱发现，白色区域为初生 α 相，黑色区域为针状 α′，白色针状 α′相分布于初生 α 相中，宽度约为 5nm。此结果与上述组织分析一致。

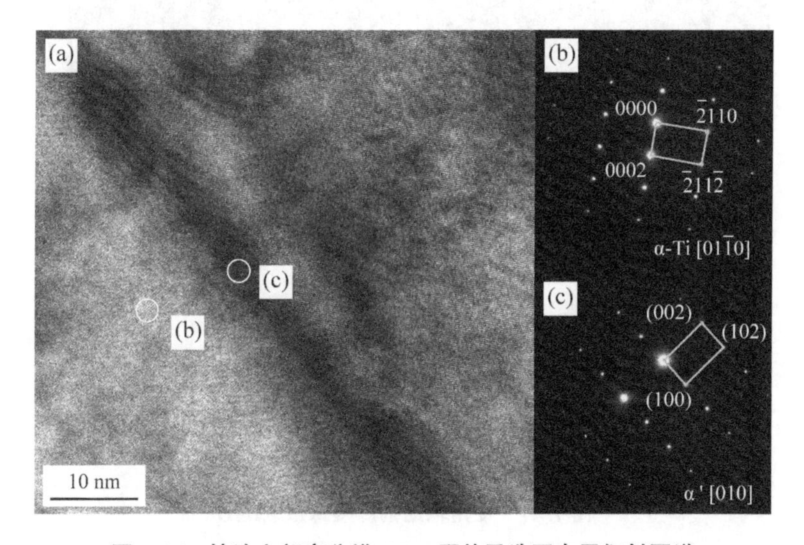

图 7.16　熔池上部高分辨 TEM 照片及选区电子衍射图谱

为进一步分析使用焊接辅助剂后焊缝的组织大小，对焊缝顶部和底部分别进行了 EBSD 分析，其晶粒大小及尺寸分布结果如图 7.17 所示。与未使用辅助剂的焊缝不同，添加辅助剂后的焊缝，在熔池顶部，原 β

晶界几乎无法分辨［图 7.17（c）］，熔池底部的组织也呈现类似的特征，原 β 晶界已完全消失［图 7.17（d）］。使用焊接辅助剂后，辅助剂中的自蔓延成分发生放热反应，对熔池起到了一定的缓冷作用，有利于 β 相向 α 相的转变。而熔池顶部由于直接与周围的水环境接触，其冷却凝固速度大于底部，因此残留了部分 β 相晶界。

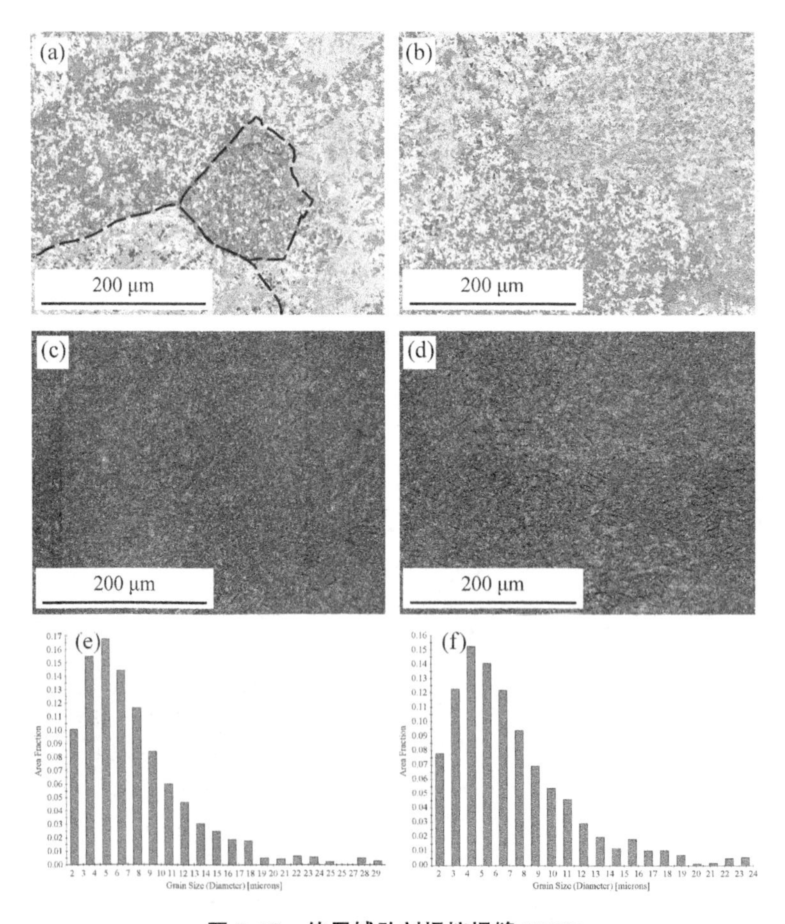

图 7.17　使用辅助剂焊接焊缝 EBSD

(a)、(c)、(e) 分别为焊缝顶部的晶粒、晶界和晶粒尺寸分布图；
(b)、(d)、(f) 分别为焊缝底部的晶粒、晶界和晶粒尺寸分布图

同时可以观察到，β 晶粒内部的马氏体 α′针状特征不明显，晶粒更加细小。马氏体 α′形态的不同与熔池搅拌有关，使用焊接辅助剂后，辅

助剂中的造气成分和自蔓延成分在激光照射作用下发生反应，对熔池造成影响，造成了熔池的剧烈扰动，这种扰动有利于马氏体形核，因此形成了细小的马氏体。

7.4.3　焊缝显微硬度

对预置焊接辅助剂的焊缝显微硬度进行了测试，如图7.18所示。图7.18（a）为焊缝中心纵向显微硬度分布，测量方法为在焊缝中心处自表面至底部取一直线进行测量，取点间隔0.5mm；图7.18（b）为焊缝横向显微硬度分布，测量方法为距焊缝表面1.5mm处取一平行焊缝表面的水平线进行测量。焊缝显微硬度大体在400～450$HV_{0.1}$区间分布，最大值566$HV_{0.1}$出现在熔池顶部黑色区域处，而焊缝底部硬度只有400$HV_{0.1}$左右。这主要与晶粒大小有关，在焊缝底部，熔池冷却速度慢，晶粒粗大，而在熔池顶部焊缝冷却快，晶粒细小。观察横向显微硬度发现，热影响区的显微硬度略高于基体，这主要是因为在焊接过程中热影响区的组织发生了变化，部分β相转变为马氏体组织α′，但由于α′含量不高，因此硬度略高于基体。

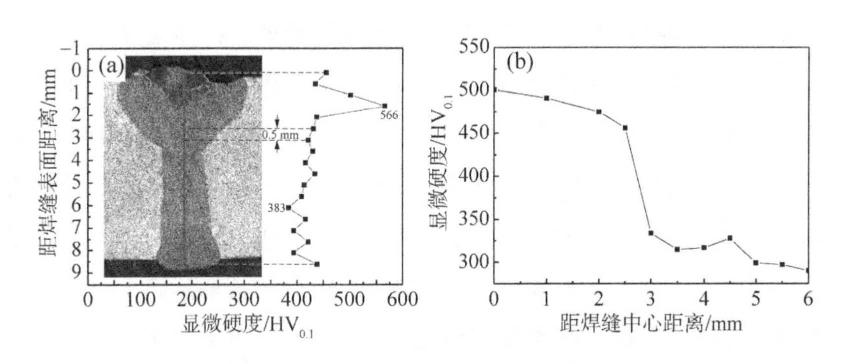

图7.18　焊缝显微硬度分布曲线

7.4.4　焊缝物相组成

对引入焊接辅助剂前后的两种焊缝进行了物相分析，如图7.19所示。衍射峰分别对应于（100）晶面、（002）晶面、（101）晶面、（102）

晶面，由于 α 和 α′晶格差别很小，可以认为两种焊缝都是由 α 和 α′两相组成。

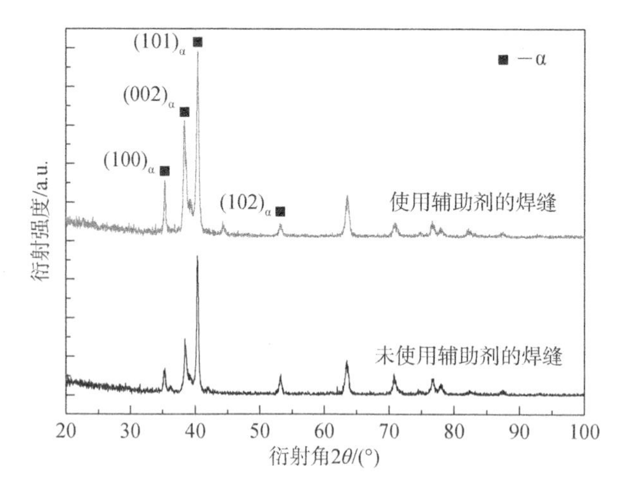

图 7.19　焊缝 XRD

7.4.5　焊缝抗拉强度

对 TC4 钛合金基体及预置焊接辅助剂前后的焊缝进行了拉伸试验，水下湿法激光焊接焊缝的拉伸试样均断裂在焊缝处。拉伸结果见表 7.3。TC4 钛合金基体抗拉强度达到 932MPa，而未使用焊接辅助剂的水下湿法激光焊接焊缝的抗拉强度为 439MPa，仅为基体抗拉强度的 47.1%，使用焊接辅助剂后，焊缝抗拉强度提高到 653MPa，与未使用焊接辅助剂的焊缝相比，提高了 47.8%，达到 TC4 钛合金基体的 70.1%。TC4 钛合金拉伸后能够观察到明显的颈缩现象，其断后伸长率达到 14.6%，而水下焊接的拉伸试样均断裂在焊缝处，图 7.20 为使用焊接辅助剂后焊缝拉伸曲线，未使用焊接辅助剂时其断裂形式主要为脆性断裂，当应力值达到一定程度时，在焊缝中的缺陷处出现了应力集中，并成为裂纹源，断裂瞬间发生，断后伸长率较小，仅为 3.2%；而使用了焊接辅助剂的焊缝中气孔较少，淬硬组织也较少，断裂形式为混合断裂，断后伸长率为 11.4%。

表 7.3　不同拉伸试样的拉伸结果

试样	抗拉强度/MPa	伸长率/%
TC4钛合金基体	932	14.6
未使用辅助剂的焊缝	439	3.2
使用辅助剂的焊缝	653	11.4

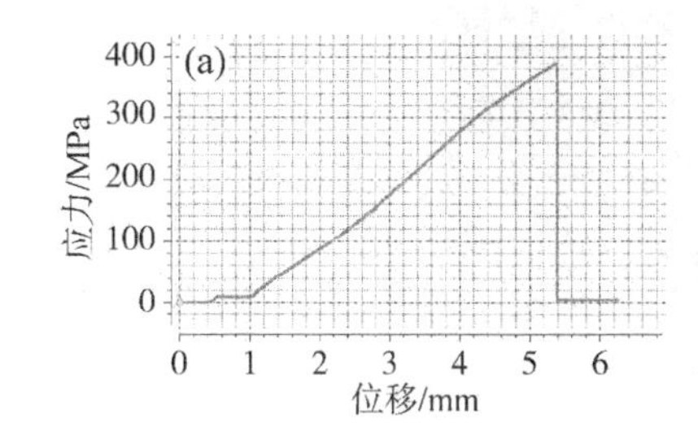

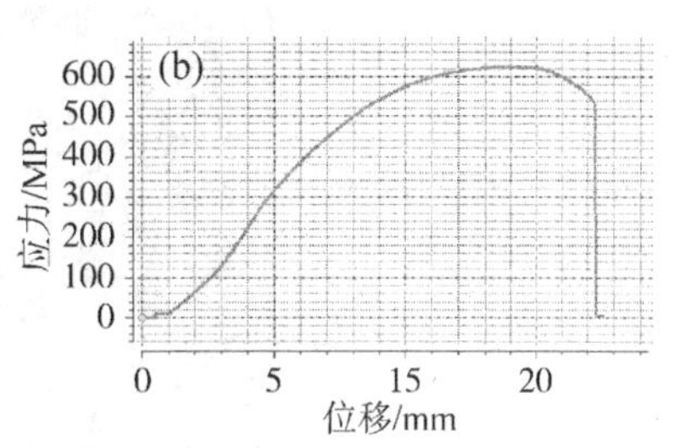

图 7.20　水下焊接拉伸试样应力-应变曲线

(a) 未使用焊接辅助剂；(b) 使用焊接辅助剂

对三种拉伸试样的断口形貌进行了观察，如图 7.21 所示。

TC4 钛合金基体断口中韧窝形态明显，如图 7.21 (a) 所示，为典型的韧性断裂；未使用焊接辅助剂的水下湿法焊接焊缝断口中有明显的撕裂棱，为典型的脆性断裂，同时可以发现在断口处有气孔存在，如图 7.21 (b) 所示，气孔导致拉伸时实际受力面积减小，严重降低了试样的拉伸强度。预置焊接辅助剂后焊缝的断口中既有大量的韧窝存在，也存在撕裂现象，如图 7.21 (c) 所示，呈现典型的混合断裂断口形貌。

由仿真模拟可知，在激光焊接过程中，当匙孔前后壁出现金属凸起时，会造成匙孔塌陷，造成气泡卷入熔池，并随着金属向下、向后流动，到匙孔后壁后开始上浮。由于水下焊接熔池冷却凝固速度极快，气泡往往来不及逸出，因此在焊缝中以气孔缺陷的形式存在。使用焊接辅助剂进行焊接时，由于辅助剂中自蔓延反应放热，熔池冷却速度减小，有利于熔池中气体的逸出，因此焊缝中气孔缺陷较少。

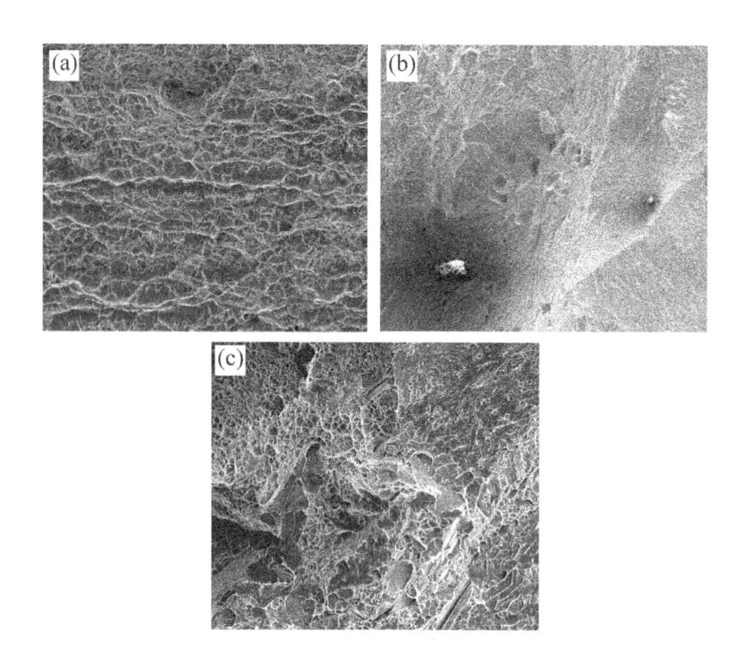

图 7.21 拉伸试样断口

(a) TC4 钛合金基体断口；(b) 未使用辅助剂的水下湿法激光焊接焊缝断口；
(c) 使用辅助剂的水下湿法激光焊接焊缝断口

7.4.6 焊缝电化学腐蚀性能

对 TC4 钛合金基体、水下湿法激光焊接焊缝和添加了焊接辅助剂的水下湿法焊缝的电化学腐蚀性能进行了对比研究，结果见表 7.4。其极化曲线如图 7.22 所示。

表 7.4 电化学腐蚀结果

试样	自腐蚀电位/V	破裂电位/V	自腐蚀电流/ (A/cm^2)
TC4 钛合金基体	-0.358	0.049	-9.009
未使用辅助剂的焊缝	-0.598	-0.046	-7.258
使用辅助剂的焊缝	-0.391	-0.070	-7.728

从图 7.22 中可以看到，TC4 钛合金基体和两种水下焊接焊缝的电化学腐蚀行为差别较大。TC4 钛合金母材的自腐蚀电位约为-0.358V，

在-0.25~0V 之间，阳极电流密度几乎没有变化，表现出了较好的抗腐蚀性，说明 TC4 钛合金基体表面出现了明显的钝化，随着自腐蚀电位的继续增大，表面的钝化层破裂，破裂电位为 0.049V。水下湿法焊接的焊缝的自腐蚀电位约为-0.598V，自腐蚀电流为-7.258A/cm^2，破裂电位为-0.046V。添加焊接辅助剂的焊缝自腐蚀电位为-0.391V，自腐蚀电流为-7.728A/cm^2，破裂电位为-0.070V。从三种试样的自腐蚀电位可以看出，TC4 钛合金基体表现出良好的耐电化学腐蚀性能，水下湿法焊接焊缝的耐电化学腐蚀性能最差，而添加焊接辅助剂后，水下焊接焊缝的耐电化学腐蚀性能得到了改善。

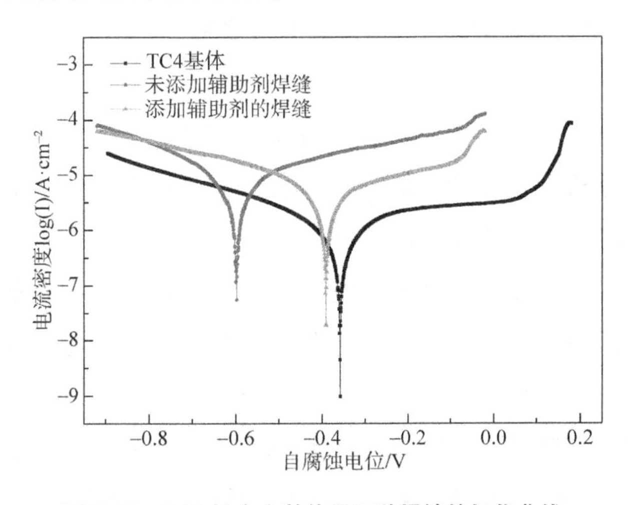

图 7.22　TC4 钛合金基体及两种焊缝的极化曲线

在通常情况下，TC4 钛合金表面有一层致密的 TiO_2 膜，这层保护膜阻止了外界腐蚀介质与 TC4 钛合金基体的接触，因而 TC4 钛合金能够在多数腐蚀介质中保持稳定，表现出优异的耐电化学腐蚀性能。但从图 7.22 的极化曲线中可以看出，水下焊接焊缝在电化学腐蚀时钝化行为不明显，表现出较强的腐蚀倾向。这主要与水下湿法焊接焊缝中存在大量气孔、裂纹等缺陷有关。这些缺陷的存在导致其在腐蚀介质中时具有较强的腐蚀倾向。使用焊接辅助剂后，焊缝中的缺陷明显减少，自腐蚀电位与 TC4 钛合金基体相差无几，因此抗腐蚀性能得到了较大改善。

7.5 小结

开发设计了一种水下湿法激光焊接辅助剂，此辅助剂具有自造渣、自蔓延、自净化的功能。通过预置焊接辅助剂，提高了焊接阈值、增加了焊缝熔深，并对焊缝起到了较好的保护作用。通过对焊缝成形质量的评价、辅助剂保护机制的分析、焊缝微观组织的研究得出了以下结论。

（1）辅助剂在激光照射下发生分解产生足够多的 CO_2，而 CO_2 较难被电离，因此辅助剂在焊接过程中起到了营造气体氛围的作用。辅助剂中产生的大量气体和熔渣将焊接区域的水排开，使激光焊接可以在更深的水下进行焊接。

（2）辅助剂中的 TiO_2、CaF_2、$CaCO_3$ 均能起到活性剂的作用，在焊接过程中，能够改变熔池中熔融金属的流动方向，形成一种向内、向下流动的金属涡流，有助于增加焊缝熔深。

（3）辅助剂中的自蔓延材料能够为焊接过程提供额外的热源，并且自蔓延反应剧烈，有助于气泡冲破周围水的束缚形成稳定的激光焊接通道。

（4）辅助剂中的 $CaCO_3$ 在激光照射下生成的 CO_2 有助于减少焊缝金属中的氢含量，CaF_2 与焊缝金属中的氢反应，均能减少焊缝中扩散氢的含量，降低了焊缝的氢致裂纹危害。

第8章

QA19-4铝青铜水下湿法激光焊接辅助剂设计及机理研究

湿法焊接焊缝内部存在大量气孔，严重降低了焊缝质量，必须找到有效的解决方法。焊缝内部气孔主要是入侵性水蒸气气孔，因此要减少气孔主要有两个方向：①设法将熔池与水隔离开，防止或减少水对液态熔池的入侵；②设法给液态熔池提供额外热量，在激光作用过后仍然能给熔池供热，减缓液态金属的冷却速度，给气孔逃逸提供更长的时间。目前较普遍的解决方法是针对不同材料使用特制的水下焊条，依靠焊条在焊接过程中保护焊缝。结合焊条在焊接过程中起到的作用和目前已有成功实例[123-124]，自主设计制备了一种水下湿法激光焊接用辅助剂。通过试验发现，该焊接辅助剂能够明显减少湿法焊接焊缝内部缺陷，对焊缝成形质量有极大改善作用。

本部分试验主要通过研究辅助剂成分配比、辅助剂用量两个方面对焊缝质量的影响来探索铝青铜水下湿法激光焊接工艺，所有试验均采用激光束垂直基板方式进行，湿法焊接用水均为淡水。

8.1 辅助剂的设计与制备

影响铝青铜水下湿法激光焊接焊缝质量的主要因素是气孔缺陷，通过调节焊接工艺参数无法有效改善这一现象。对比空气环境中的试验，焊缝内部气孔很少，唯一不同的就是湿法焊接条件中有水存在。分析认为，湿法焊接焊缝存在较多气孔是由水蒸气导致的。在焊接过程中，有大量的水分入侵到熔池中，在高温条件下形成水蒸气存在于液态金属中，成为气体后向上浮，在一定时间后能够脱离熔池。然而水下激光焊接由于水的存在熔池散热迅速，以至于熔池液态金属凝固时间极短，大量水蒸气还未来得及逃逸出熔池时液态金属已经凝固，因此在焊接结束后形成的焊缝内部出现了大量气孔。针对这一问题，可以从以下两个方向减少焊缝内部气孔：一是隔离水与熔池，使水在焊接过程中不能直接与液态熔池接触，从而减少焊缝内部形成的气体；二是给熔池加热，给液态熔池提供额外的热量，延长液态金属凝固时间，使已形成的气孔有较充分的逃逸时间。

基于以上两个方向，自主设计了一种用于水下湿法焊接的辅助剂，主要利用了自蔓延焊接过程放热且能够造气、造渣保护焊缝的原理，以期解决焊缝气孔问题。自蔓延焊接的主要技术问题是热量传输，水下实施该技术的困难主要是水的影响[125-126]。借助水下气泡运动特性的研究成果，利用自蔓延材料在反应过程中会在短时间内释放大量的热量，同时会释放大量化学性质较为稳定的气体这一特性，借助产生的气体把熔池附近的水排开，并阻止水对熔池侵入。在焊接熔池区域周围形成具有保护作用的局部干燥空间，把焊接区域与水隔开，并抵消部分水压，使自蔓延反应在水中的进行过程接近在大气环境中的反应过程。本试验的焊接能量主要由激光提供，对于自蔓延原理的应用仅限于隔绝水和熔池以及有限的放热作用，因此在试验过程中辅助剂的用量很少。

选用辅助剂主要成分有高热剂、造气剂和造渣剂，分别选用氧化铜和铝（CuO+Al）作为高热剂、碳酸钙（$CaCO_3$）作为造气剂、氟化钙和二氧化钛（CaF_2+TiO_2）作为造渣剂。查阅资料发现可以作为高热剂材料的有多种化合物，比如钛-硼体系、各种铝热剂等。综合考虑反应产物可能对焊缝元素组成的影响，为了使反应产物与基体元素组成兼容并且尽量少引入其他杂质元素，选用氧化铜和铝（CuO+Al）作为高热剂，在焊接时主要作用是为熔池提供额外热输入，其化学放热反应方程如式（8.1）所示：

$$3CuO+2Al \longrightarrow 3Cu+Al_2O_3+1519kJ/mol \tag{8.1}$$

造气剂可以释放气体以隔绝水分，起到保护焊缝作用。常采用有机物和碳酸盐矿物质作为主要成分，有机物在高温下容易引入碳元素，因此选择碳酸钙（$CaCO_3$）作为造气剂。碳酸钙在焊接过程中分解产生 CO_2 气体，能够阻止水对熔池的入侵，在焊接区域形成局部稳定通道，有效减少激光能量损失，保护焊缝和高热剂燃烧。氟化钙和二氧化钛（CaF_2+TiO_2）是工业上常用的造渣剂，主要作用是实现焊缝合金与焊渣的有效分离，是工业炼钢的常规手段。在选取造渣剂成分时，考虑到焊接时水在高能激光的作用下会分解生成一定量的氢和氧，而氢是影响焊缝质量的重要元素，可能出现氢致气孔和氢脆现象，严重降低焊缝力学性能。基于多种低氢型焊条的成分，选择氟化钙（CaF_2）作为主要造渣成分之一，CaF_2 能够有效除去水与激光作用产生的氢，反应方程如式（8.2）所示，从而减少焊缝出现氢致气孔和氢脆的可能性，提高焊缝的力学性能。

$$CaF_2+2H^+ = Ca^{2+}+2HF \tag{8.2}$$

该激光焊接辅助剂所用各原料形态均为球形或类球形粉末，粒径均为 100~300 目。将黏结剂与激光焊接用辅助剂混合后得到膏状混合物，将膏状混合物均匀涂覆于工件待焊位置，待膏状混合物完全固化后，进行水下湿法激光焊接。黏结剂的作用是将辅助剂黏结在待焊金属工件表面，其具有耐水浸泡、耐热的特点，以保证辅助剂在水下焊接的过程中不会从待焊金属工件表面脱落。具体地，所述黏结剂可用丙烯酸酯与固化剂（AB 胶）混合后制得，将黏结剂与激光焊接用辅助剂按照体积比

1∶1 比例混合，搅拌均匀后得到膏状混合物。实际涂覆过程中，根据经验来增减黏结剂，黏结剂太少，焊接用辅助剂流动性差，手工涂覆不容易得到平整的涂覆层；黏结剂太多，固化后会在涂覆层表面形成一层固化层，对焊接不利。

8.2　辅助剂成分对焊接的影响

首先通过试验对焊接辅助剂的成分配比进行了优化，得到效果最佳的辅助剂，然后再进行进一步的工艺探索（表 8.1）。

表 8.1　辅助剂成分

序号	成分
A 组分	氧化铜（CuO）
B 组分	氧化铜、铝（CuO+Al）
C 组分	氟化钙、二氧化钛、碳酸钙（$CaF_2+TiO_2+CaCO_3$）
D 组分	氧化铜、铝、氟化钙、二氧化钛、碳酸钙 （$CuO+Al+CaF_2+TiO_2+CaCO_3$）

试验参数设置见表 8.2，图 8.1 为焊缝宏观形貌，图中 A 组分为氧化铜（CuO），B 组分为氧化铜和铝（CuO+Al），C 组分为碳酸钙、氟化钙和二氧化钛（$CaCO_3+TiO_2+CaF_2$），D 组分为氧化铜、铝、氟化钙、二氧化钛和碳酸钙（$CuO+Al+CaF_2+TiO_2+CaCO_3$）。可以看出：在基体表面预置自蔓延粉末能够有效改善焊缝成形，在各个组分辅助剂下均能形成连续均匀、无明显缺陷的焊缝。在 A、B、D 组分焊缝周围出现黄色物质，是因为在焊接过程中氧化铜发生还原反应生成了铜单质，反应过程如式（8.3）所示：

$$CuO+H_2 = Cu+H_2O \tag{8.3}$$

表 8.2　试验参数设置

激光功率 P /kW	焊接速度 v /（m/min）	离焦量 Δf /mm	水深 H /mm
3	0.9	−2	4

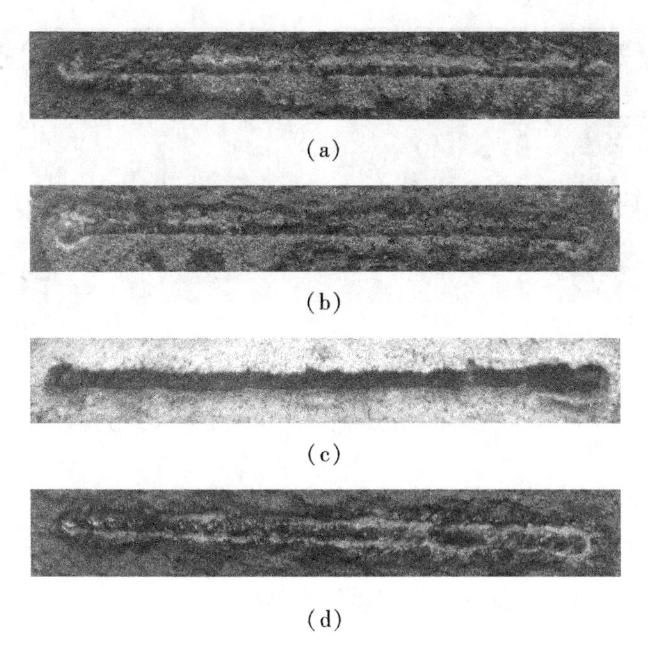

(a)

(b)

(c)

(d)

图 8.1　不同组分辅助剂焊缝宏观形貌

(a) A 组分；(b) B 组分；(c) C 组分；(d) D 组分

在基体表面预置自蔓延粉末后，相同焊接条件下得到的沿垂直于焊接方向的湿法焊接焊缝横截面形貌如图 8.2 所示。从图中可以看出，与前文没有预置粉末的一般湿法焊接相比，基体表面预置辅助剂粉末后焊缝内部的气孔缺陷大量减少，分析其原因为：

①在焊接过程中，氧化铜和铝粉发生剧烈的铝热反应，持续燃烧的火焰在焊缝正上方形成了稳定通道，阻止了水对熔池的入侵，使焊缝内部产生缺陷的可能性减少，同时为焊缝提供额外热输入，从而减少焊缝内部气孔缺陷；

②造气剂碳酸钙在反应过程中释放出的二氧化碳气体在熔池处营造出了局部干燥空间，能够起到保护熔池和焊缝的作用；

③粉末中的 CaF_2 能够有效除去水与激光作用产生的氢，从而降低了焊缝出现氢致气孔和裂纹的可能性；

④粉末中的 CaF_2、$CaCO_3$、TiO_2 在焊接时形成熔渣覆盖在熔池表面，可以起到隔离保护作用。

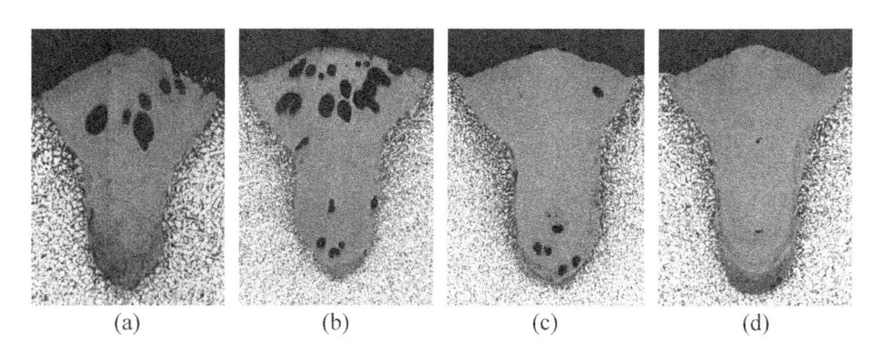

图 8.2　不同组分辅助剂焊缝横截面

(a) A 组分；(b) B 组分；(c) C 组分；(d) D 组分

通过焊缝内部气孔情况来看，使用 D 组分辅助剂的焊缝气孔缺陷最少，使用其他组分辅助剂的焊缝均存在相对较多的气孔，因此选用 D 组分进行进一步的工艺探索和焊缝质量检测。

8.3　辅助剂湿法焊接工艺探索

8.3.1　焊接速度对焊接的影响

激光参数设置见表 8.3，在基体表面预先涂覆焊接辅助剂粉末后，在不同焊接速度下得到的焊缝宏观形貌如图 8.3 所示。可以看出：在各个焊接速度下均能形成连续均匀、无明显缺陷的焊缝，但当焊接速度为 0.6m/min，即焊接速度较低时，焊缝余高相对焊接速度高时的焊缝明显较大，宏观形貌相对较差。分析认为，在焊接速度较低时，熔池热输入过大，而铝青铜材料热膨胀系数大，因此熔池液态金属发生剧烈膨胀，表现为焊缝余高明显增大，所以低速时的焊缝表面形貌要比高速时的焊缝差。

表 8.3　激光参数设置

激光功率 P /kW	焊接速度 v /（m/min）	离焦量 Δf /mm	水深 H /mm
4	0.6~1.8	-2	4

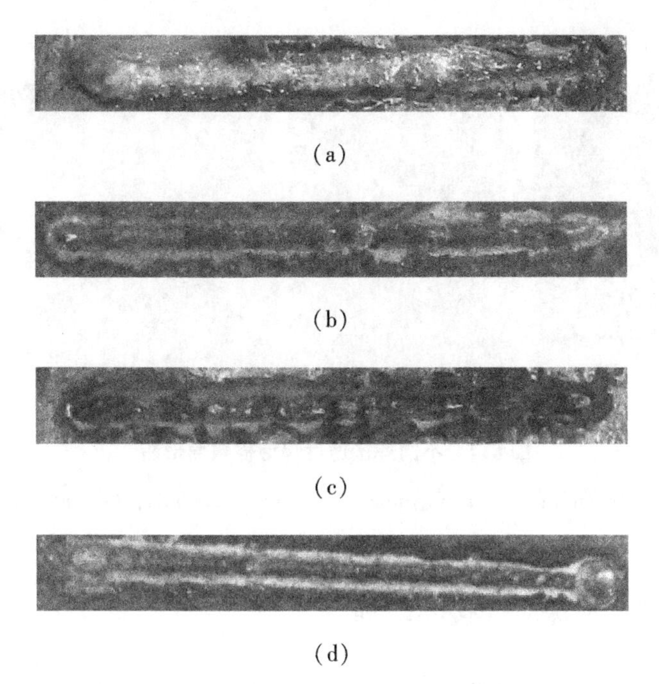

(a)

(b)

(c)

(d)

图 8.3　不同焊接速度焊缝宏观形貌

(a) v=0.6m/min；(b) v=0.9m/min；(c) v=1.2m/min；(d) v=1.8m/min

在基体表面预置自蔓延粉末后，不同焊接速度焊缝横截面形貌如图 8.4 所示。可以看出：当焊接速度较低时，焊缝内部出现了密集气孔。这是因为焊接速度低时焊接过程进行时间相对较长，而辅助剂释放保护气体时间短暂，导致保护气体释放完毕后焊接过程仍在进行。此时没有了气体保护，则焊接过程无异于没有使用辅助剂的湿法焊接情况，且辅助剂中高热剂释放的热量也无法再为熔池延缓冷却时间。同时过量的热输入导致液态金属膨胀，使焊缝内部出现了大量气孔缺陷。从气孔形状和位置来看，大部分气孔集中在焊缝余高部分，且都呈现出一种平行于焊缝深度方向的细长状，有向焊缝顶部逃逸的趋势。总而言之，要减少湿法焊接焊缝内部的气孔缺陷，总体方向是缩短焊接过程进行时间和延缓熔池液态金属冷却速度，即一方面要减少水对焊接熔池的入侵从而减少产生的气泡总量，另一方面要增加气孔逃逸时间从而减少焊缝气孔。

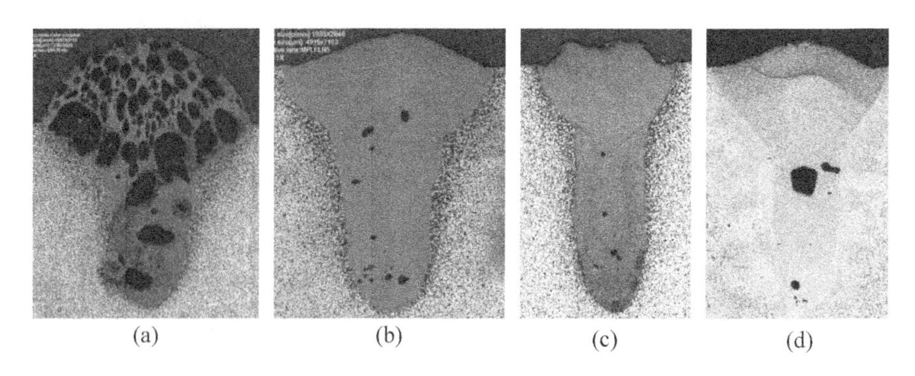

图 8.4　不同焊接速度焊缝横截面形貌

(a) v=0.6m/min；(b) v=0.9m/min；(c) v=1.2m/min；(d) v=1.8m/min

8.3.2　水深对焊接的影响

在没有使用焊接辅助剂的情况下，当基板表面水深超过 4mm 时，焊缝成形已然很差；水深超过 6mm 时，焊接过程便无法进行。本节主要考察在使用焊接辅助剂的情况下，是否能够在基板表面水深大于 6mm 时仍然可以形成连续焊缝。

水深对焊接的影响试验参数设置见表 8.4。图 8.5 为不同水深、相同辅助剂厚度下焊缝横截面形貌，图 8.6 是熔深、熔宽变化。

表 8.4　水深对焊接的影响试验参数设置

激光功率 P / kW	焊接速度 v /(m/min)	离焦量 Δf /mm	水深 H /mm
4	0.9	−2	4，5，6，7

试验过程中发现，当水深超过 7mm 时，在基体表面已无法形成连续焊缝。从图 8.5 中可以看出，当水深为 4mm、5mm、6mm 时，仍然能够形成较为良好的焊缝，焊缝内部气孔相对于相同水深而没有使用辅助剂的焊缝而言大大减少。水深为 7mm 时仍能形成熔深大于 4mm 的焊缝，

水深在 7mm 以上时焊接过程不能进行。这说明使用辅助剂能够提高水下焊接深度，减弱水对激光传输的阻碍作用，进而在相同条件下获得更大熔池尺寸的焊缝。

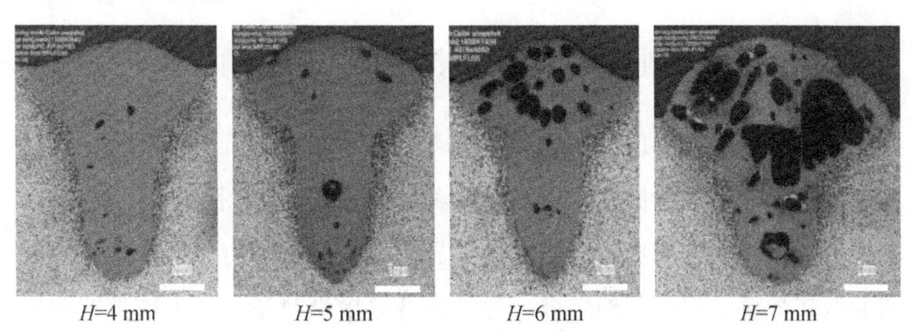

图 8.5　不同水深焊缝横截面

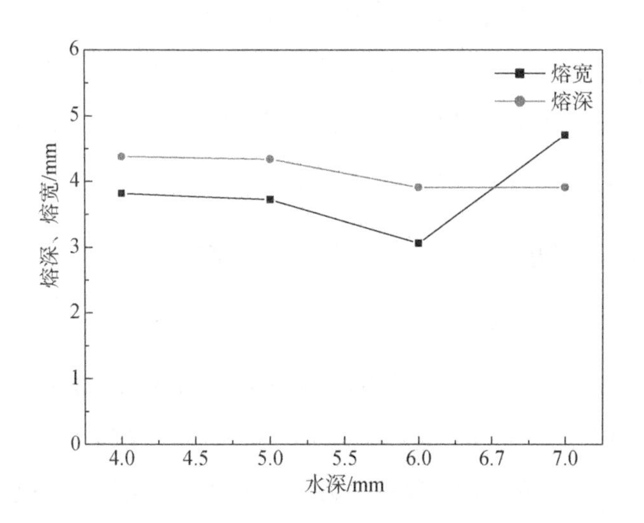

图 8.6　水深对焊缝熔深、熔宽的影响

从熔深、熔宽变化曲线来看，熔深随水深增加呈下降趋势，但下降幅度很小，说明在焊接过程中辅助剂对激光的传输极为有利，有效提高了激光利用率，因此熔深虽然减小，但幅度很小。熔宽变化同样略有下降，但是水深在 7mm 时突然增加，分析认为水深在 8mm 及以上时激光已无法有效传输，因此在 7mm 水深时的激光能量无法进一步熔化更深处的金属，热流向水平方向流动，导致熔宽突然增大。

8.4 辅助剂厚度对焊接的影响

8.4.1 辅助剂厚度对焊缝熔深、熔宽的影响

辅助剂厚度对焊接的影响试验参数设置见表 8.5。图 8.7 为不同辅助剂厚度条件下焊缝横截面形貌，熔深、熔宽变化如图 8.8 所示，随着辅助剂粉末厚度的增加，焊缝熔宽明显减小，熔深略有增加。这是因为辅助剂在焊接过程中剧烈燃烧，为焊接熔池提供热量，粉末用量的增加使提供给熔池的热量越多，但相对激光能量而言作用较小，熔池总体尺寸主要还是由激光能量决定的，因此熔深增加较小。粉末厚度增加导致焊缝熔宽减小是因为激光焊形成的焊缝熔池总体呈 Y 形，即焊缝上宽下窄，母材表面预置辅助剂相当于增加了母材厚度，因此预置粉末越厚母材表面形成的熔池越窄，即焊缝熔宽越小。

8.4.2 辅助剂厚度对气孔缺陷的影响

图 8.9 为不同辅助剂粉末厚度条件下焊缝纵截面形貌。沿焊缝中心线取长度 1.5cm 以上的纵截面试样，通过面积占比的方法测定焊缝气孔率，结果如图 8.10 所示。显然，随着预置粉末厚度的增加，焊缝内部气孔逐渐减少。当预置粉末厚度约为 1.2 ㎜时，焊缝气孔率仅有 0.5%。从焊缝内部看，辅助剂厚度为 1.2mm 时的熔深最为连续、稳定、均匀。

分析认为，辅助剂粉末的量越多，在焊接过程中粉末燃烧得越剧烈。一方面能够为熔池提供更多的热量，有利于焊接过程的持续和稳定，延长液态金属凝固时间，有利于气孔逃逸；另一方面剧烈的燃烧能够更有力地阻止水对焊接熔池的入侵，在熔池处形成持续稳定的火焰，营造出相对来说更好的局部干燥空间，使熔池能够获得更稳定的激光能量。

表 8.5 辅助剂厚度对焊接的影响试验参数设置

激光功率 P /kW	焊接速度 v /（m/min）	离焦量 Δf /mm	水深 H /mm	辅助剂厚度 h /mm
3	0.9	−2	4	0.3~1.2

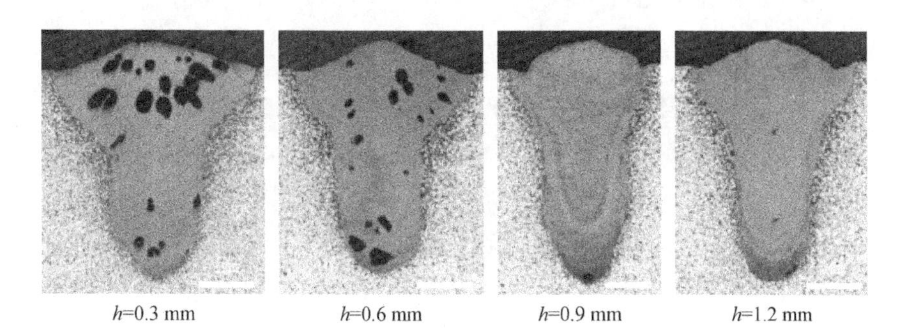

图 8.7 不同辅助剂厚度焊缝横截面形貌

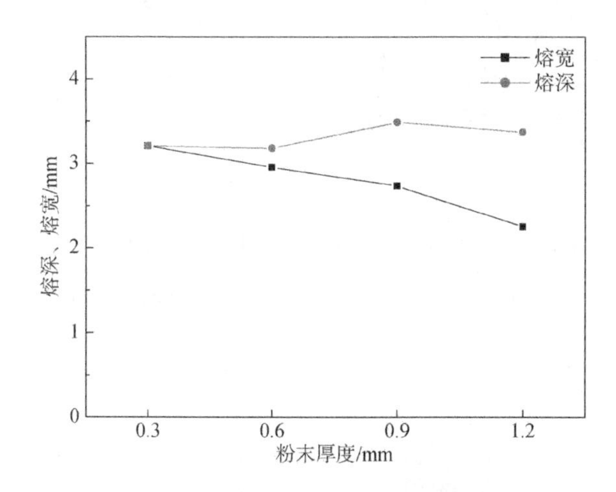

图 8.8 辅助剂厚度对熔深熔宽的影响

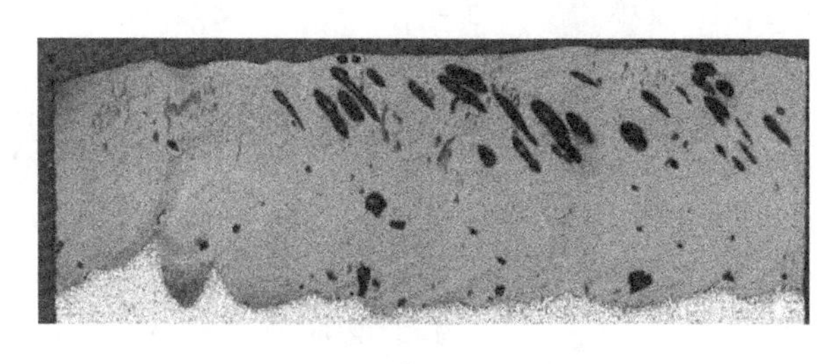

(a)

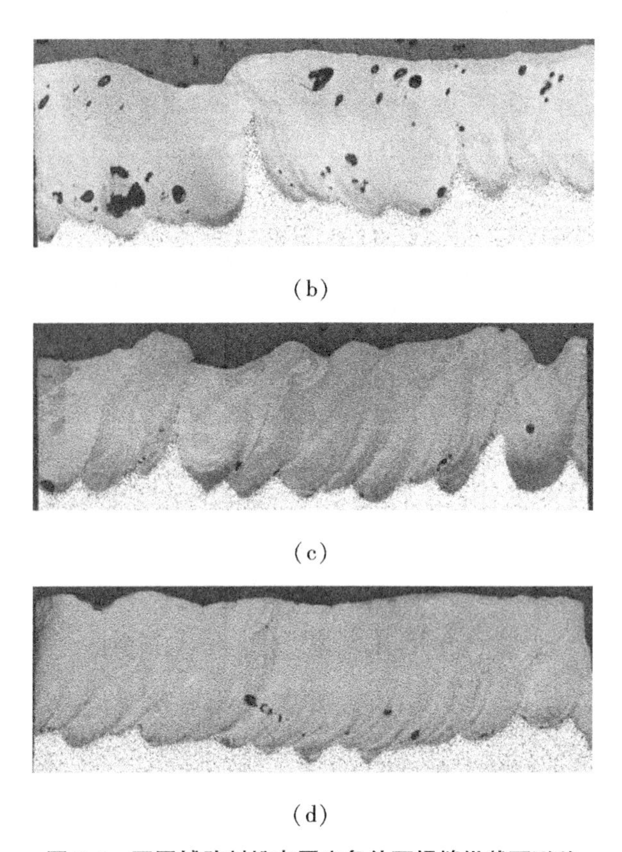

(b)

(c)

(d)

图 8.9 不同辅助剂粉末厚度条件下焊缝纵截面形貌

(a) h=0.3mm; (b) h=0.6mm; (c) h=0.9mm; (d) h=1.2mm

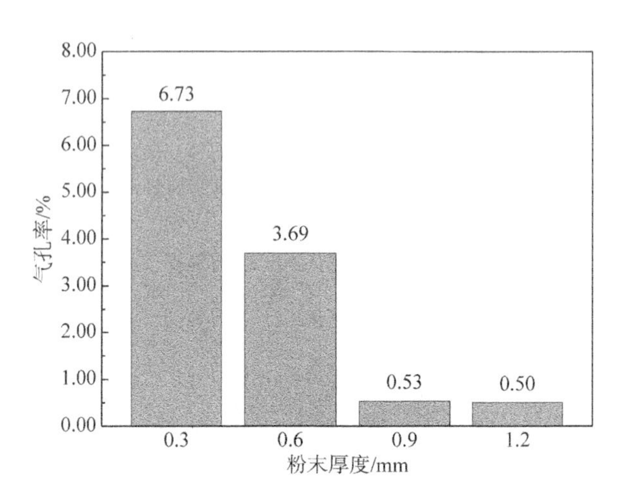

图 8.10 不同辅助剂粉末厚度条件下焊缝气孔率

8.5　讨论

8.5.1　关于辅助剂对激光吸收率影响的讨论

金属材料反射光的能力比较强，尤其是铜（Cu）、铝（Al）、金（Au）等材料对光的反射率特别高。纯铜对于波长为 1070nm 的激光吸收率低于 8%，所以用激光加工铜合金的难度很高[127]。除了材料的固有性质外，金属材料对激光吸收率的影响因素还有材料的表面粗糙度、化学成分、温度、激光入射角度等。有研究表明[128-129]，表面粗糙的金属材料对激光的吸收率能够达到镜面金属的 2 倍以上；温度对激光的吸收率也有较大的影响。易于实现提高激光加工铜合金过程中的激光吸收率的途径主要有以下四点：①增加铜合金材料表面的黑度；②在铜合金材料表面适当添加有利吸收激光的物质；③打磨合金表面，增大表面粗糙度；④对用于作业的铜合金材料进行预热处理。

在试验中，所使用的焊接辅助剂除 C 组分（氟化钙、二氧化钛和碳酸钙，CaF_2+TiO_2+$CaCO_3$）为亮白色以外，其余三个组分均为深色，接近黑色，有利于提高激光的吸收率。配制辅助剂选用的原料均为粒径 100~300 目的球形或类球形粉末，涂覆在铝青铜板材表面改变了表面化学成分，同时增加了合金表面的粗糙度。另外，由图 8.9 可以看出，在一定范围内，辅助剂用量的增加能够为激光传输提供更稳定的条件，使焊缝内部的均匀性提高。这是因为适量的辅助剂能够更有力地营造局部干燥空间，减少水对激光传输的干扰，使熔池获得更稳定的热量输入。

8.5.2　关于辅助剂对焊缝尺寸影响的讨论

对于相同工艺参数条件下的水下湿法激光焊接，通过对比使用辅助剂和未使用辅助剂得到的焊缝熔深、熔宽的尺寸，分析总结辅助剂对焊缝尺寸的影响。图 8.11 为相同焊接条件下得到的湿法焊接焊缝横截面，工艺参数见表 8.6。图 8.11（a）为未使用焊接辅助剂的焊缝，图 8.11（b）为使用焊接辅助剂的焊缝。图 8.12 两种焊缝尺寸为两个焊缝横截面的熔深、熔宽尺寸柱形图。很明显，焊缝 B 的熔深比焊缝 A 的大，而焊缝 A 的熔宽和余高分别大于焊缝 B 的熔宽和余高。

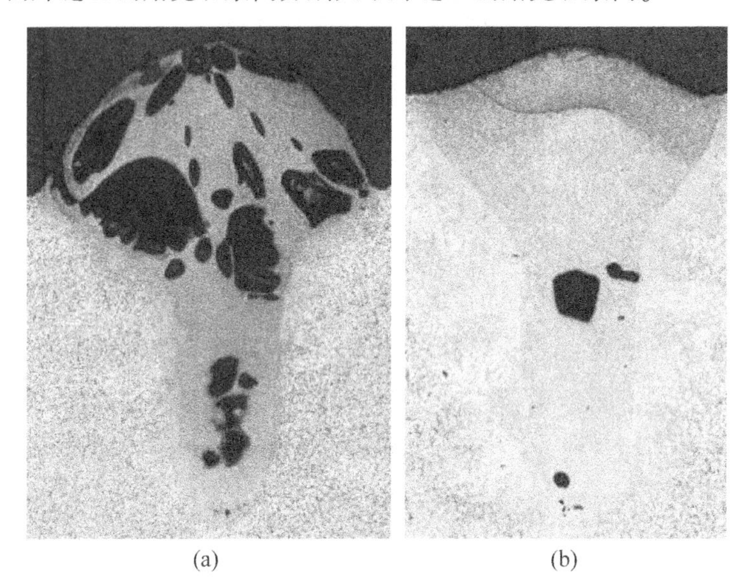

(a)　　(b)

图 8.11　两种焊缝横截面

（a）焊缝 A；（b）焊缝 B

表 8.6　工艺参数

激光功率 P /kW	焊接速度 v /（m/min）	离焦量 Δf /mm	水深 H /mm
4	1.8	−2	4

使用焊接辅助剂后，合金对激光的吸收率得到提升，即激光作用于工件表面的有效能量得到大幅提升，因此有利于形成熔深更大的焊缝。另外，辅助剂释放的二氧化碳（CO_2）气体能够在一定程度上把水排开，这也大大减少了水对激光传输的阻碍作用，从而使激光具有更强的穿透能力，使熔池向更深处拓展。对于未使用辅助剂的焊接过程，由于水的阻碍作用和板材表面的反射作用，使激光能量相对较弱，且穿透力不

强。因此形成的焊接熔池相对较浅，热流向深处传输的能力较弱，只能横向流动，形成的熔宽要比焊缝 B 的大。

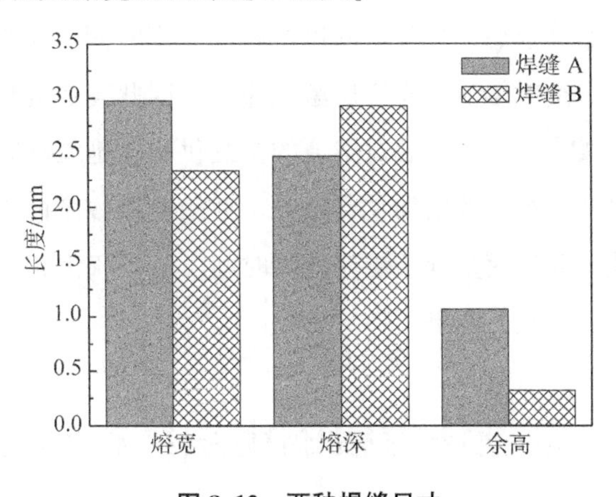

图 8.12　两种焊缝尺寸

A—没未使用辅助剂的焊缝；B—使用辅助剂的焊缝

焊缝 A 的余高明显比焊缝 B 的余高大，这是因为在不使用辅助剂的情况下，大量水入侵到熔池中，在高温作用下形成水蒸气，使液态金属体积变大。这些气体又来不及在熔池凝固前逃逸，便留在焊缝中成为孔洞，导致凝固后的焊缝向上凸起比较严重。而用辅助剂进行焊接使熔池在焊接时得到了较好的保护，不会有大量气孔出现在焊缝内部，所以焊缝 B 的余高比较小。

8.5.3 关于高热剂放热对焊缝影响的讨论

关于辅助剂中高热剂在焊接时反应放热对增加焊缝熔深的贡献程度的问题，分析认为高热剂反应释放的热量对于增加熔深是有一定作用的，但主要还是因为激光利用率的提高使得熔深更大。

从释放的热量角度看，涂覆于基板表面的辅助剂总质量是 4g，焊接结束后，通过体积占比测得实际用于反应的量约为 1g。结合式（8.1）可以计算得出，焊接辅助剂中高热剂反应释放的热量约为 760J，相当于 4kW 功率的激光在 0.19s 内产生的能量。在焊接速度为 1.8m/min 条件下，完成一次焊接激光持续作用时间约为 2s，高热剂释放的热量约为激光能量的9.5%，因此从能量角度看，高热剂对熔池的形成有一定的贡献。

从焊接过程中激光与焊接辅助剂的作用先后顺序看，考虑到辅助剂的反应需要靠激光点燃，且反应的进行需要一定时间，而激光焊接速度较快，所以高热剂对熔池的作用比激光滞后。因此高热剂释放的热量更多地还是用于激光光束经过后对熔池的持续供热，延缓液态金属的冷却速度。由此可知，熔深的增加主要得益于对激光吸收率的提升，而高热剂释放的热量主要作用是延长熔池凝固时间，给予气泡相对充分的逃逸时间，达到减少气孔的效果。

8.6 辅助剂湿法焊接的组织结构与性能检测

对使用辅助剂后得到的最佳工艺焊缝进行组织分析和性能测试，并与基体和空气中的激光焊接焊缝进行了比较。本节用于分析微观组织形貌和性能测试的焊缝，未特别说明的均指水下湿法焊接焊缝。表8.7是水下焊接和空气中焊接的工艺参数设置。

表8.7 水下焊接和空气中焊接的工艺参数设置

工艺	激光功率 P /kW	焊接速度 v /（m/min）	离焦量 Δf /mm	水深 H /mm	辅助剂厚度 h /mm
水下焊接	3	0.9	−2	4	0.9/0
空气中焊接	3	0.9	−2	0	0

8.7 焊缝组织结构

8.7.1 焊缝微观组织形貌

利用扫描电子显微镜观察焊缝微观组织，工艺条件见表8.7。图8.13是焊缝显微组织照片，图（a）～（c）分别是焊缝上、中、下三部分放大5000倍的照片。焊缝上部是主要为细等轴晶，是焊缝中直接与水接触的部分，散热快，晶粒生长速度大，属于激冷晶区。焊缝中部组织主要为等轴晶，但相对激冷晶区晶粒尺寸较为粗大，属于内部等轴晶。焊缝中部散热相对焊缝上部较慢，晶粒生长时间比上部长，因此中部晶粒的尺寸比上部的大。至于其形成原因，目前较为统一的看法是焊缝中部的粗等轴晶区是在多种机理的共同作用下形成的。焊缝底部组织主要为柱状晶，生长具有方向性。这是因为随着凝固层向内推移，固相散热能力逐渐降低，内部温度梯度也趋于平缓，晶体生长速率降低。而焊缝底部的散热方式主要是热传导，晶粒沿热流方向生长，因此焊缝底部组织主要为向周围母材呈发射状的柱状晶。

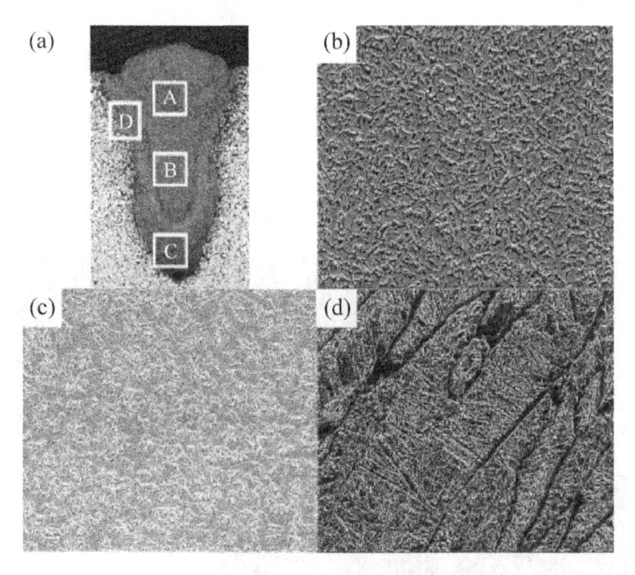

图8.13 焊缝显微组织

(a) 焊缝；(b) 焊缝上部；(c) 焊缝中部；(d) 焊缝底部

图8.14是图8.13中焊缝d区域处的线扫描结果。结果显示，从基体到热影响区再到焊缝处的元素组成主要有Cu、Al、Fe、O四种，各区域元素含量基本稳定，没有较大变化。说明湿法激光焊接不会给基体带来大量的其他元素，使用的辅助剂中的元素也没有进入焊缝中。

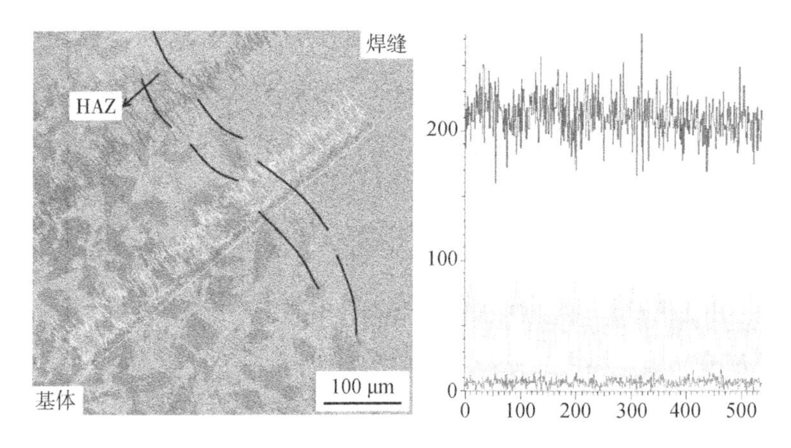

图 8.14　基体与焊缝过渡区域的线扫描元素成分及分布

图 8.15 是焊缝处的面扫描结果，可知焊缝主要元素是 Cu、Al、Fe、O 四种，且各种元素分布均较为均匀，与基体相比没有明显差别。从面扫描结果也可以断定，使用辅助剂进行焊接时，辅助剂中的元素没有进入熔池中，因而不会对焊接造成污染，这与线扫描结果基本吻合。

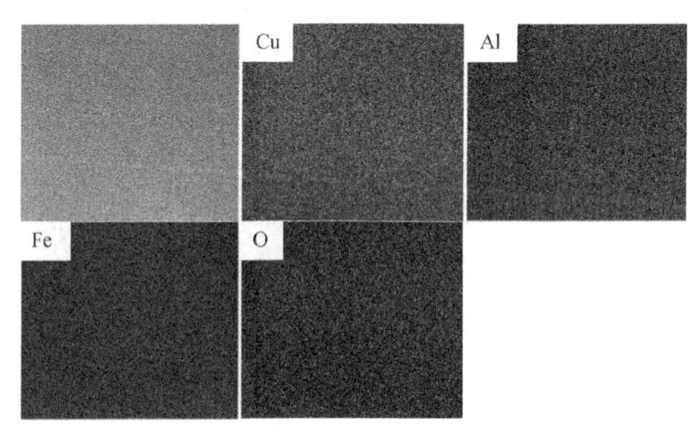

图 8.15　焊缝面扫描成分及各元素分布

8.7.2　X 射线衍射物相分析

焊缝试样经过处理后的 XRD 图谱如图 8.16 所示。图谱表明基体和两种焊缝的主要组织组成物相同，均为 α 相，还有少量 K 相。其中 α 相是一种铜基固溶体；K 相是一种以 $AlFe_3$ 为基的金属间化合物。在与 Cu 基准峰比对中发现衍射峰有偏移，说明在激光作用下金属熔化，合金元素固溶到 Cu 的晶格中，引发晶格畸变。通过比对基体的谱线，可以看到激光焊接不会引入其他元素，不会改变相的组成结构；添加辅助剂进行焊接也不会引入其他元素，也不会改变相的组成结构。这与线扫描、面扫描结果可以相互印证，说明辅助剂的使用不会对焊缝的元素组成和组织结构造成影响。

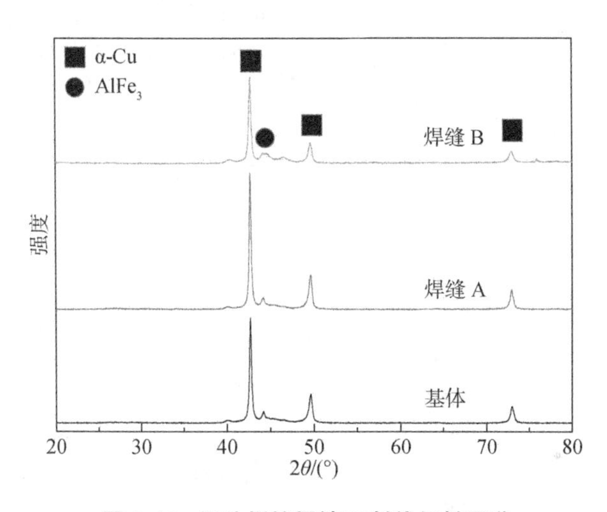

图 8.16　湿法焊接焊缝 X 射线衍射图谱

8.7.3　X 射线光电子能谱分析

图 8.17 是使用辅助剂湿法焊接焊缝处的各元素 XPS 分析，表 8.8 是各元素电子结合能及存在形态。焊缝中，铜元素以大部分以单质形式存在，少部分以 CuO 形式存在，还有极少的 $Cu(OH)_2$；铝元素主要以单质形式存在，一部分以 Al_2O_3 形式存在，有少量 $AlFe_3$ 金属间化合物，还有少量与杂质元素形成化合物；铁元素主要以单质和 Fe_2O_3 形式存在；氧元素主要以 Fe_2O_3 形式存在。结合各元素含量分析，焊缝处铜、铝元素主要以单质存在，氧化物很少。

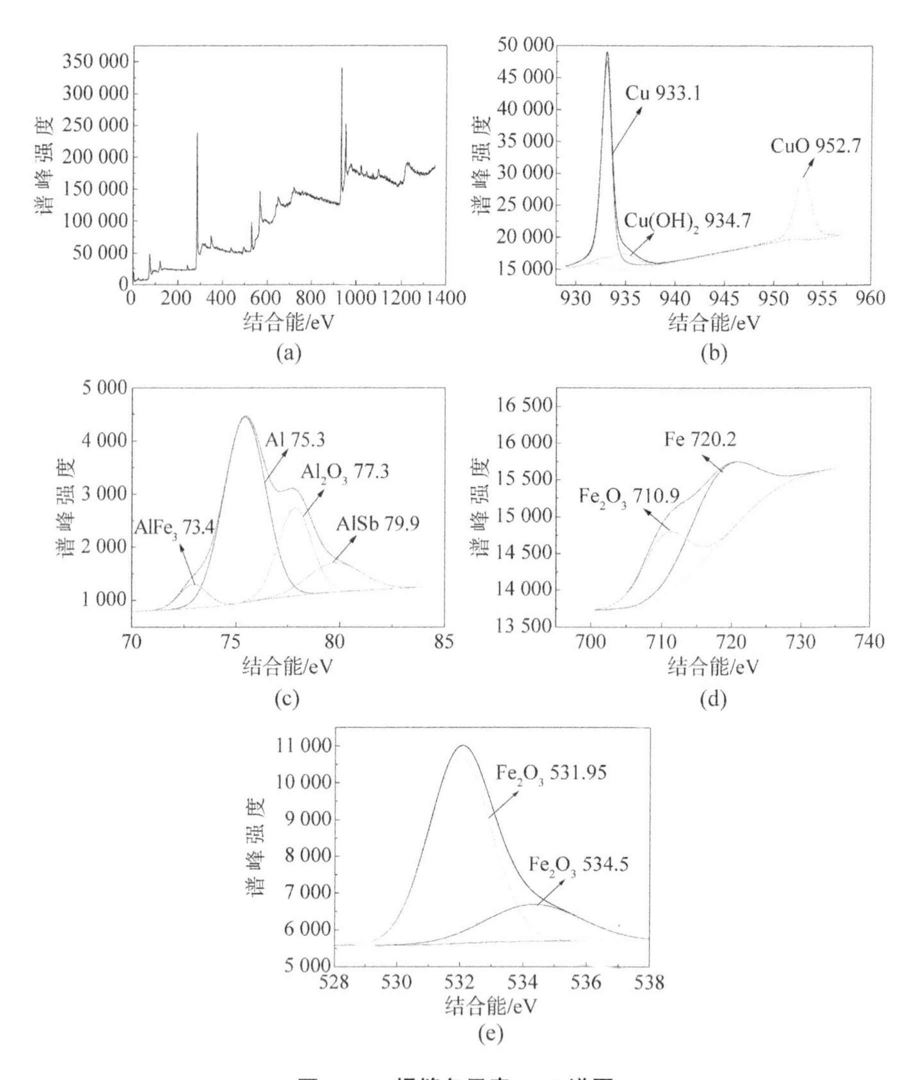

图 8.17　焊缝各元素 XPS 谱图

(a) 焊缝 XPS 总谱图；(b) Cu2p；(c) Al2p；(d) Fe2p；(e) Ols

表 8.8　焊缝各元素存在形式及电子结合能　　　单位：eV

元素	Cu	Al	Fe	O
存在形式及结合能	单质 (933.1) CuO (952.7) $Cu(OH)_2$ (934.7)	单质 (75.3) Al_2O_3 (77.3) $AlFe_3$ (73.4)	单质 (720.2) Fe_2O_3 (710.9)	Fe_2O_3 (531.95/534.5)

8.8　焊缝力学性能

8.8.1　焊缝硬度

显微硬度是焊缝力学性能的一个重要指标，现利用维氏硬度计测量焊接接头的显微硬度。从焊缝中心到母材一侧设一直线为测量线，打点间距为 2mm，测量线共有 15 个测量点，从焊缝横截面上、中、下三部分各设定一条直线测定硬度，所选择的上、中、下、三条测量线硬度测量结果分别如图 8.18 中曲线 *A*、曲线 *B*、曲线 *C* 所示。从图中可以看出：曲线 *A*、曲线 *B*、曲线 *C* 近乎一致，这说明焊缝上、中、下三部分硬度分布没有太大差别。焊缝区域硬度最高，在 250HV 上下浮动；热影响区硬度低于焊缝区域硬度，高于基体硬度，约为 200HV；基体硬度最低，约为 160HV。这是因为激光焊接后，一方面焊缝处的晶粒得到细化，使得硬度提高；另一方面 Fe 元素在冷却时率先析出，沿晶胞边缘形成白色富 Fe 的新相，也使焊缝的硬度得到了提高。沿焊缝横截面中心线处设一直线为测量线，打点间距为 2mm，测量线共有 15 个测量点，测量区域硬度测量结果如图 8.18 中曲线 *D* 所示。从图中可以明显发现曲线 *D* 始终稳定分布在 250HV 附近，说明焊缝各个区域硬度大致相当，硬度分布比较均匀，这也印证了曲线 *A*、曲线 *B*、曲线 *C* 在焊缝区域近乎一致的情况。

8.8.2　拉伸强度

在表面预置厚为 1.2mm 粉末的条件下进行对接焊试验，按照图 8.19 所示尺寸制取拉伸试样进行拉伸测试。为提高检测结果的准确性，分别制取基体和焊缝处各三个拉伸试样测试取平均值，拉伸相关数据见表 8.9，断裂位置如图 8.20 所示。其中 A1 和 A3 完全断裂在母材上，A2 断口呈倾斜状，有小部分断口与焊缝接触。这是因为辅助剂粉末厚度达到1.2mm，进行对接焊时，气孔率低至0.5%，大部分焊缝内部已经没有气孔，但仍有极少的气孔存在，影响了局部焊缝的拉伸强度，但仍能达到母材拉伸强度的91%。

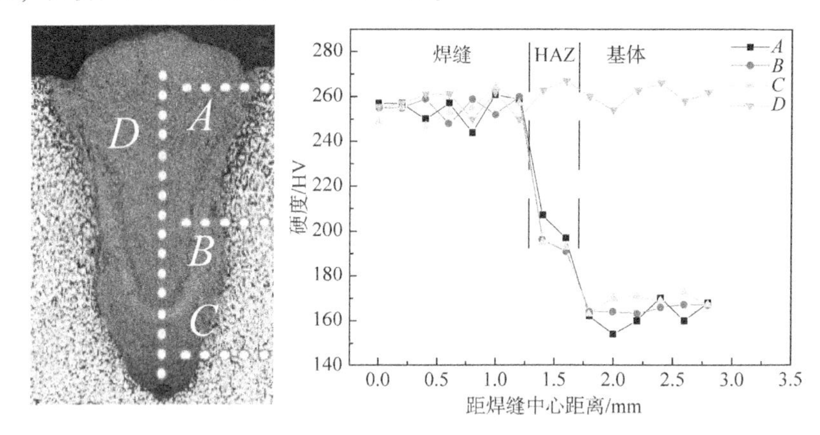

图8.18　焊缝硬度测试示意图及测试结果

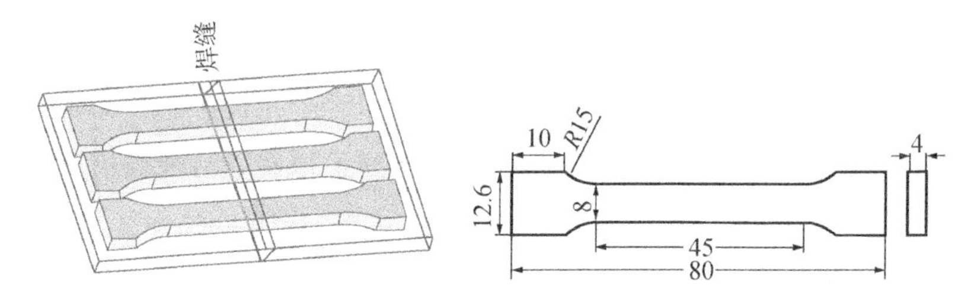

图8.19　拉伸试验试样尺寸

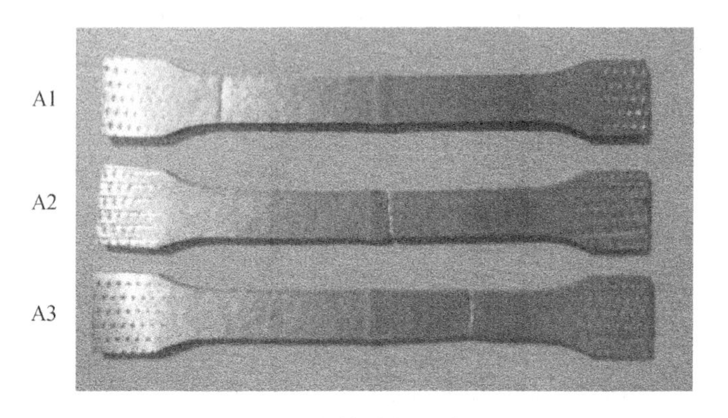

图8.20　拉伸试样断裂位置

表 8.9　拉伸试验数据

性能指标	抗拉（断裂）强度 σ_b /MPa	伸长率 δ /%
铝青铜基体	622.8	15.3
	592.2	15.1
	591.7	14.9
平均值	602.2	15.1
湿法焊接焊缝	591.3	12.5
	553.8	13.7
	592.8	15.2
平均值	579.3	13.8

图 8.21 为三个焊缝处拉伸试样的应力-应变曲线，从图中可以发现，试样断裂前几乎没有颈缩过程，应力曲线没有下降过程而是瞬间降低，说明试样抗拉强度也是断裂强度，属于脆性断裂。图中 A2、A3 初期位移增加而应力没有变化，以及 A3 中部有陡然下降随后快速上升的现象，可能是测试过程中夹具没有夹紧试样发生了滑移。

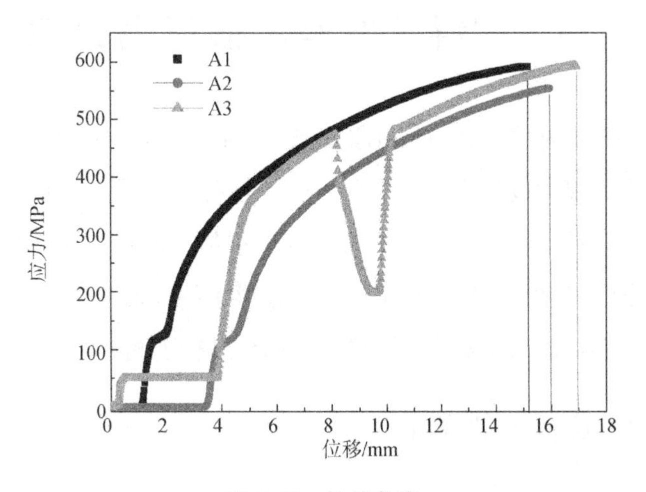

图 8.21　拉伸曲线

图 8.22 为拉伸断口微观形貌，从图中可以看出：断口 A1、断口 A2 中呈现明显的准解理断裂特征，宏观断口形貌较为平整，微观形貌有大量河流花纹、撕裂棱及尺寸较小的韧窝。试样断裂时产生解理裂纹，扩

展成类解理面，最后在不同部位以塑性方式撕裂，形成了多而小的解理面，且各解理面周围具有较多撕裂棱，河流花纹短而弯曲，仍属于脆性断裂范畴。断口 A2 微观形貌中出现了个别气孔缺陷，但由于气孔数量少且尺寸小，没有对试样的拉伸强度造成太大影响。

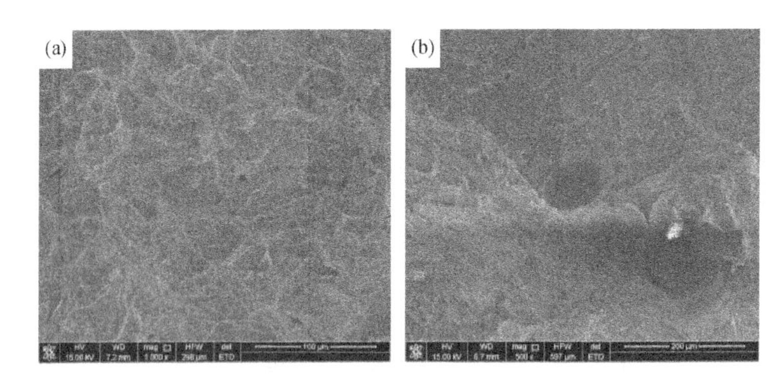

图 8.22　拉伸断口微观形貌

(a) 断口 A1；(b) 断口 A2

8.9　焊缝干摩擦磨损行为研究

针对铝青铜基体、在空气环境中激光焊接焊缝和使用辅助剂后的水下湿法激光焊接焊缝的摩擦磨损行为进行研究，分别测定了基体和两种焊缝的摩擦系数，利用三维表面形貌仪磨损体积和磨损率进行了测量，利用扫描电子显微镜观察磨痕形貌并通过形貌特征对其磨损机制进行了分析判断，利用能谱仪对磨屑和磨痕的成分进行了测定。

8.9.1　摩擦系数分析

图 8.23 为摩擦系数-时间曲线，分别是铝青铜合金基体、在空气环境中激光焊接焊缝和使用辅助剂后水下湿法激光焊接焊缝的测试曲线。图 8.24 为平均摩擦系数，其中焊缝 A 是在空气环境下激光焊接的焊缝，焊缝 B 是使用辅助剂的水下湿法激光焊接的焊缝。从图中可以看出，基

体和焊缝 A 的摩擦系数曲线稳定性均较差，焊缝 B 摩擦系数曲线稳定性相对较好，三条曲线均分为跑合磨损阶段和稳定磨损阶段。磨损前期，由于金属表面存在较大的粗糙度，且开始时 GCr15 球与金属间的实际接触面积不大，摩擦系数变化较为剧烈；一段时间后，随着磨损的进行，GCr15 球与金属间的真实接触面积增大，磨痕宽度及深度开始趋于稳定，试验过程进入稳定磨损阶段。在相同的磨损条件下，母材的摩擦系数始终大于焊缝 A 和焊缝 B 的摩擦系数。在磨损前期，基体的摩擦系数呈现缓慢上升的趋势，550s 以后趋于稳定，最终摩擦系数稳定在 0. 26 左右。焊缝 A 的摩擦系数先有短暂的下降，200s 后开始上升，550s 后趋于稳定，进入稳定磨损阶段，最终稳定在 0. 24 左右。焊缝 B 的摩擦系数在磨损最初有短暂且平缓的下降，100s 以后趋于稳定，进入稳定磨损阶段，始终保持在 0. 2 上下浮动。

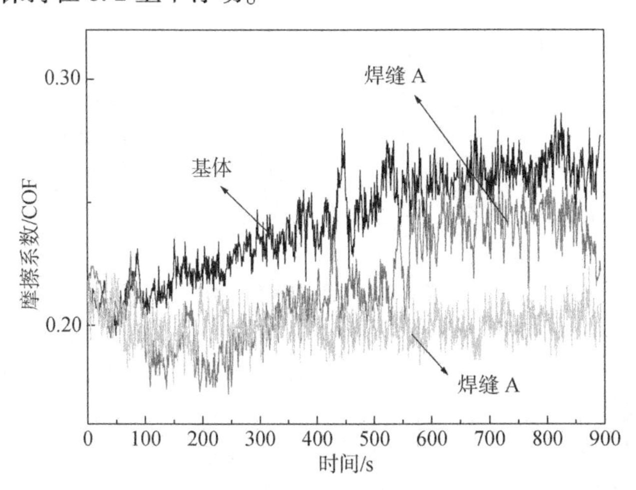

图 8. 23　摩擦系数-时间曲线

8. 9. 2　磨损率分析

利用三维表面形貌仪对铝青铜合金基体、空气环境中激光焊接、使用焊接辅助剂水下湿法激光焊接焊缝磨痕分别进行测量和计算，得出结果如图 8. 25 所示，其中焊缝 A 是在空气环境下激光焊接的焊缝，焊缝 B

是使用辅助剂的水下湿法激光焊接的焊缝。可以看出，在相同的磨损条件下，铝青铜合金基体的磨损体积明显大于焊缝 A 和焊缝 B 的磨损体积，焊缝 B 的磨损体积要大于焊缝 A 的磨损体积。三者磨损率的大小关系与磨损体积关系相同，即磨损率由小到大顺序为：空气环境下激光焊接焊缝<使用辅助剂的水下湿法激光焊接焊缝<铝青铜合金基体。说明两种焊缝的耐磨性都要优于基体，而水下焊接焊缝耐磨性相比较空气环境中的激光焊接焊缝要差一些。图 8.26 为基体和两种焊缝磨痕的三维视图。

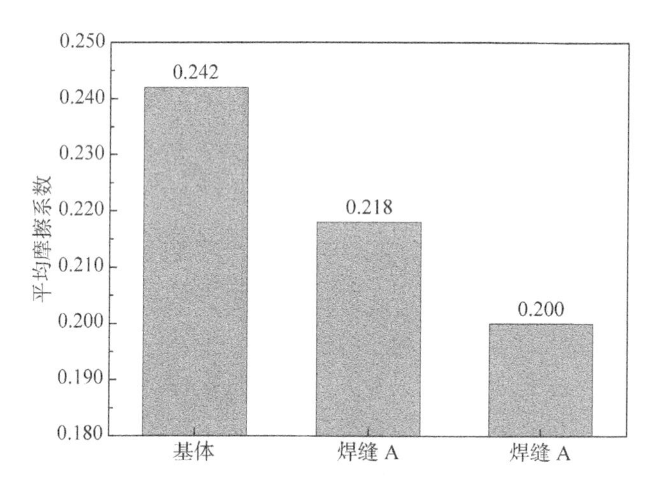

图 8.24 平均摩擦系数

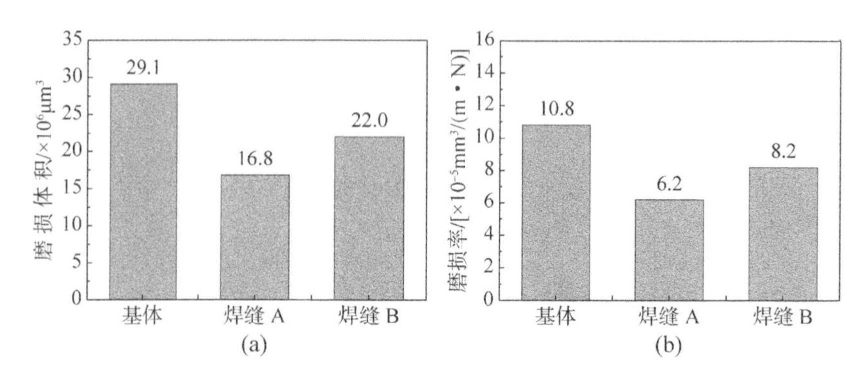

图 8.25 基体和两种焊缝磨痕的磨损体积和磨损率

(a) 磨损体积；(b) 磨损率

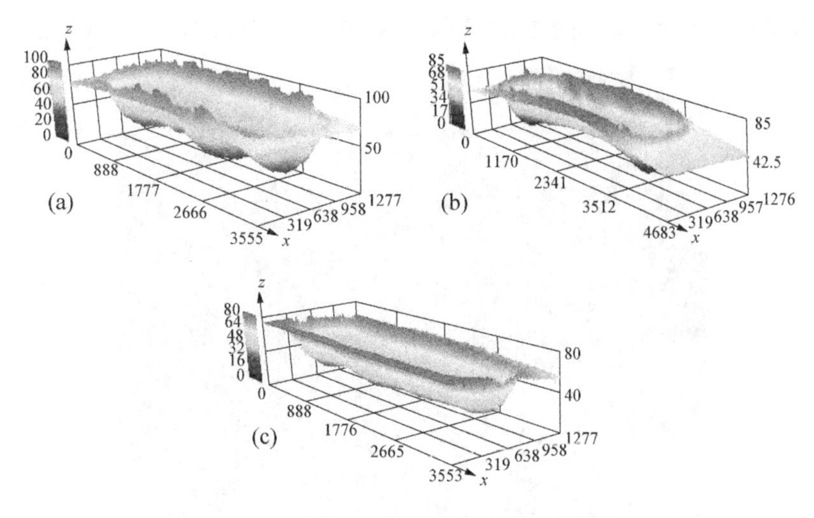

图 8.26 基体和两种焊缝磨痕的三维视图

(a) 基体；(b) 空气中焊接焊缝；(c) 水下湿法焊接焊缝

8.9.3 磨损形貌分析

8.9.3.1 铝青铜合金基体的磨损形貌分析

图 8.27 为 QAL9-4 铝青铜合金基体的磨痕表面形貌。从图中可以看出，其磨损表面呈现明显的平行分布的犁沟形貌，大量白色的磨损物质堆积在磨痕两端，同时还有部分磨损物质较为集中地分散堆积在磨痕中部。铝青铜合金基体的硬度较低，在较高硬度的摩擦副 GCr15 球的碾压下，其表面和次表面区域首先会发生塑性变形，当其弹性性能不足以承担起塑性变形时，基体表面会萌生微裂纹，随着 GCr15 球反复研磨，这些微裂纹会发生扩展，从而导致基体磨损形成磨屑。

如图 8.27（b）、（c）所示，大量磨屑堆积在磨痕两端，少部分堆积在磨痕中部。出现这种现象主要是因为这些磨屑在摩擦副的作用下，大部分成为粉末状脱离本体，一部分被摩擦副推动聚集在磨痕两端，少部分吸附在摩擦副表面跟随摩擦副运动，摩擦过程中磨屑温度升高，在摩擦副反复挤压作用下与金属粘着，进而形成了表面积瘤。另有少部分磨屑在摩擦过程中充当尖锐的磨粒，使磨损机制由二体磨损转化为三体磨粒磨损，在磨痕表面形成划痕和犁沟形貌，如图 8.27（d）所示。

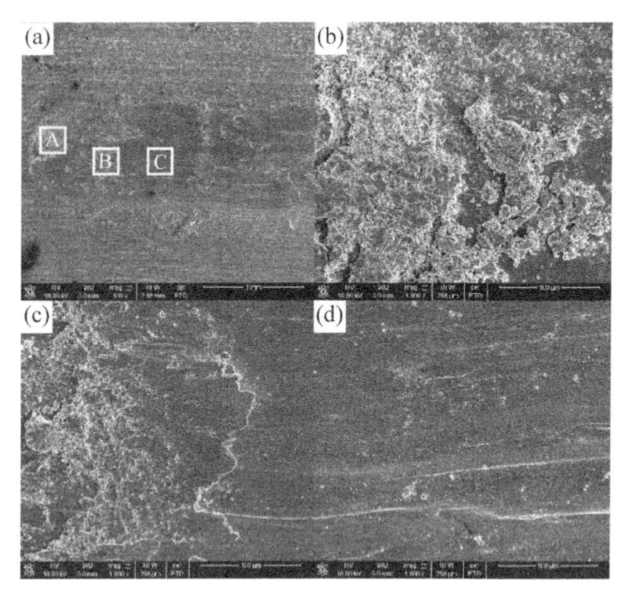

图 8.27 铝青铜合金的磨损微观形貌

图 8.28 为磨痕中白色磨屑堆积处的能谱图。可以看出，磨屑中除了铝青铜合金的基本组成元素外，磨屑中还含有较多的氧元素，其具体成分为 Cu(58.31%)-Al(11.94%)-Fe(2.39%)-O(27.30%)（原子分数）。在摩擦磨损过程中温度升高，Al 元素易发生氧化，因而磨屑中含有较多的氧元素。因此，铝青铜合金基体在干摩擦条件下的摩擦磨损失效机制为粘着磨损和磨粒磨损伴随着氧化磨损。

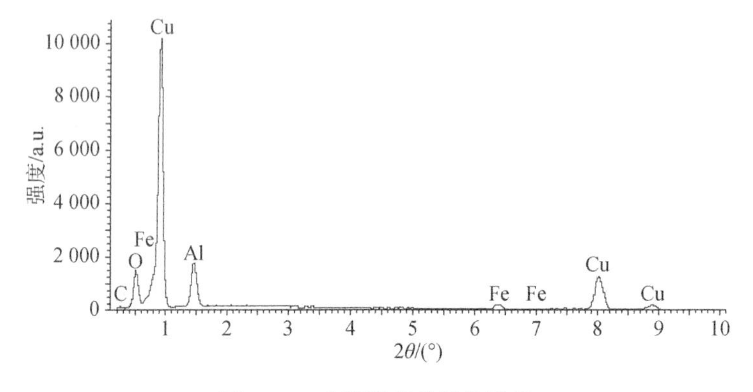

图 8.28 磨屑堆积处的能谱图

8.9.3.2　水下湿法激光焊接铝青铜焊缝磨损形貌分析

图 8.29 为 QAL9-4 铝青铜合金水下湿法激光焊接焊缝的磨痕表面形貌，在空气中焊接的焊缝磨痕形貌与水下焊缝磨痕形貌相似。从图上可以看出，焊缝表面存在明显的犁沟形貌，还有极少量粘着现象。类似于基体的磨痕形成过程，焊缝的主要磨损失效形式是磨粒磨损，伴有轻微粘着磨损。相较于基体的磨痕，焊缝的磨痕表面少了许多积瘤，且在磨痕两端堆积物也是大量减少。分析其原因，焊缝处的硬度要高出基体约为 50%，耐磨性要优于基体，因此同样条件下焊缝处的磨损量低于基体，进而减少了磨痕表面积瘤。

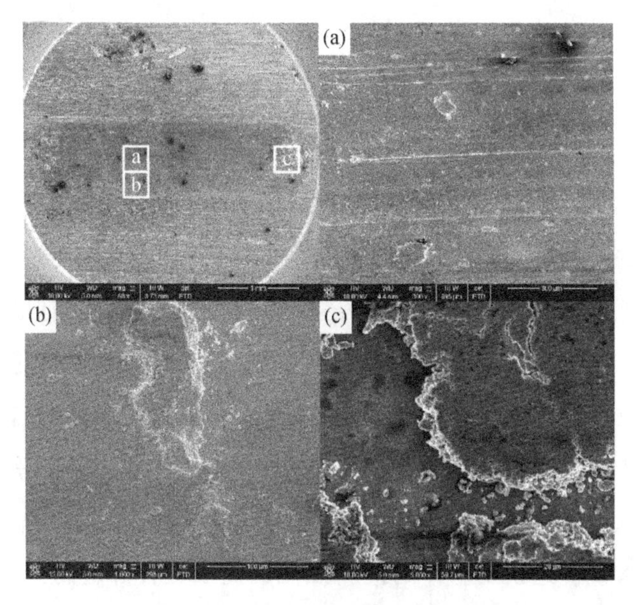

图 8.29　水下湿法焊接焊缝的磨损微观形貌

如图 8.30 为磨痕表面中磨屑堆积处的能谱图。可以看出磨屑中除了铝青铜合金的基本组成元素外，还含有较多的氧元素，其具体成分为 Cu(59.11%)-Al(11.44%)-Fe(2.32%)-O(27.14%)（原子分数）。由于 Al 属于易氧化元素，在摩擦磨损过程中温度升高，发生氧化，因而磨屑中含有较多的氧元素。铝青铜合金湿法激光焊接焊缝在干摩擦条件下的摩擦磨损失效机制为磨粒磨损和轻微粘着磨损，伴随着氧化磨损。

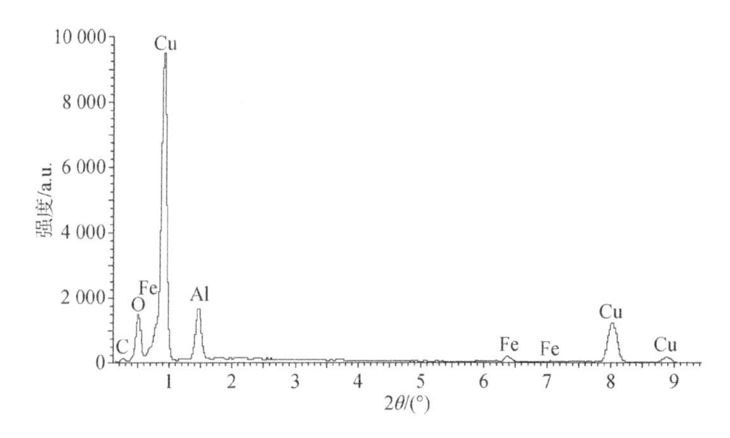

图 8.30　磨屑堆积处的能谱图

8.10　焊缝电化学性能

图 8.31 是基体与几种焊缝试样的动电位极化曲线。表 8.10 为试样的自腐蚀电压和电流，其中焊缝 A 为空气环境中的激光焊接焊缝，焊缝 B 为使用辅助剂后水下湿法焊接焊缝，焊缝 C 为没有使用辅助剂的湿法焊接焊缝。从图上看，基体与三种焊缝的极化曲线差别并不是很大。从自腐蚀电位来看，四种样品的自腐蚀电位十分接近，基体的自腐蚀电位明显高于几种焊缝，约为-0.61V；三种焊缝的自腐蚀电位近乎相等，约为-0.67V。从放大后的图像看，焊缝 B 的自腐蚀电位高于焊缝 C 的而低于焊缝 A 的。这说明基体的抗腐蚀性能优于三种焊缝的抗腐蚀性能，三种焊缝的抗腐蚀性能接近，但相对来说空气环境下的焊缝抗腐蚀性能最好，使用辅助剂得到的水下湿法焊缝次之，不使用辅助剂得到湿法焊缝最差。在图 8.31 中的阳极过电位曲线中发现，三种焊缝和基体的极化曲线均在外加电极电位为 0.2V 附近时出现了钝化现象，说明在材料表面形成了钝化膜，导致阳极过程受到阻碍，腐蚀速率下降。从图上可以发现，两者出现钝化现象时都具有较大的电流，因此分析认为在材料表面产生了比较弱的钝化膜。

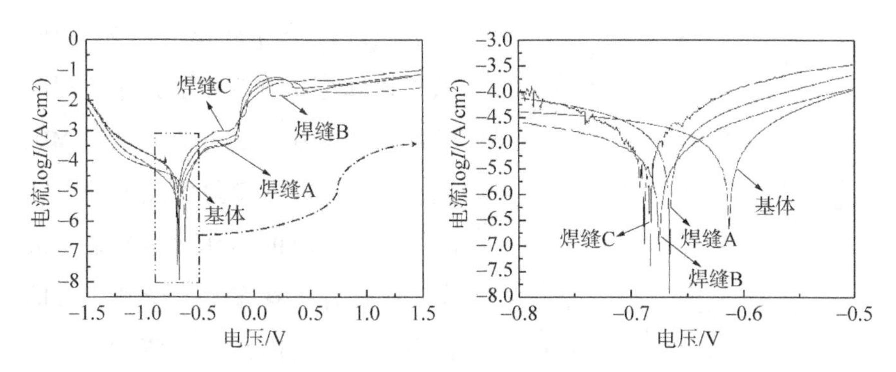

图 8.31　极化曲线

表 8.10　试样自腐蚀电压与电流

试样	基体	焊缝 A	焊缝 B	焊缝 C
电压/V	-0.613	-0.666	-0.675	-0.688
电流 log $I/(A/cm^2)$	-6.67	-7.94	-7.12	-6.97

8.11　焊缝残余应力检测和模拟仿真结果

利用 X 射线应力测定仪测得三种焊缝的横向残余应力值如图 8.32 所示，其中焊缝 A 为空气环境中的激光焊接焊缝，焊缝 B 为使用辅助剂后水下湿法焊接焊缝，焊缝 C 为没有使用辅助剂的湿法焊接焊缝。显然，焊缝中心区域应力最大。随着与焊缝中心的距离变大，三种焊缝的残余应力总体上都呈现下降趋势。在空气环境中焊接时，焊缝应力表现为拉应力，而两种水下湿法焊缝都表现为压应力。在数值上，三种焊缝的应力差距不大，最大值不超过 80MPa。从数据上看，激光焊接产生的残余应力不大，影响区域也比较小，距离焊缝中心 3mm 以上几乎不受影响。使用辅助剂进行湿法焊接对于残余应力的减少效果不明显。

利用 SYSWELD 软件模拟仿真三种焊缝纵向和法向残余应力结果如图 8.33 所示。三种焊缝的模拟结果很接近，法向残余应力均约等于零，说明在深度方向上焊缝几乎没有应力。而纵向应力的分布十分不规则，

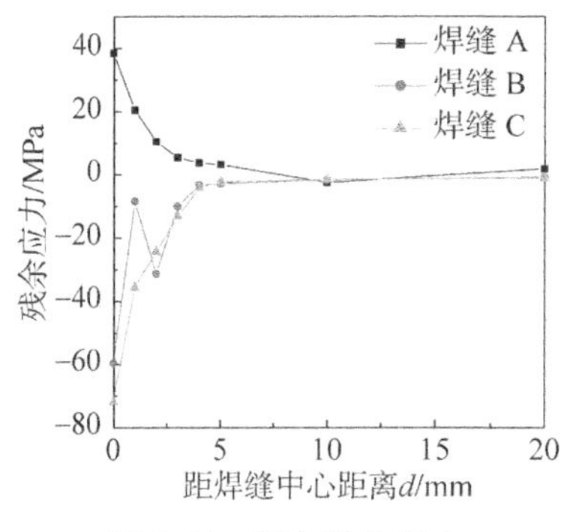

图 8.32　横向残余应力

并不像理论上那样具有明显规律。纵向应力的分布总体上为靠近焊缝位置为拉应力，数值较小，在 3MPa 左右。当金属处于热源照射的熔池时，由于金属的熔化，熔池处于液态，液态金属状态不会受到应力的作用，因此其内部应力值为零。当热源往前移动一段距离后，此时熔池后部的焊缝区已经发生了快速冷却，金属有收缩的倾向，但是受到周围金属束缚，此时的焊缝受到拉应力的作用。距离焊缝位置越远表现为压应力，数值仍然较小，最大不超过 12MPa，理论上此处接近母材应力值，应趋于零，这可能是模拟分析的误差导致的。

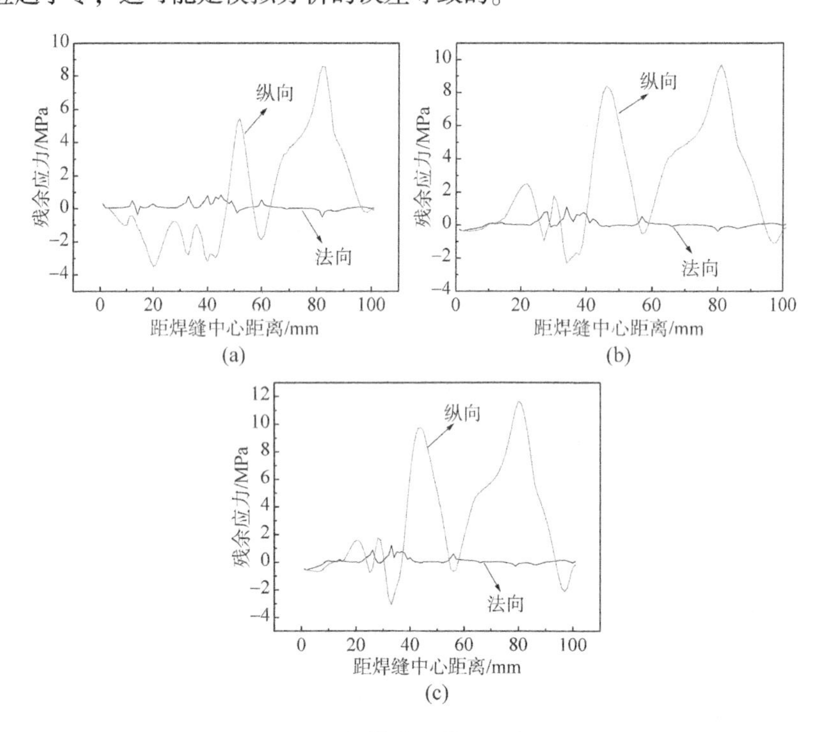

图 8.33　焊缝应力模拟仿真结果

(a) 焊缝 A 应力；(b) 焊缝 B 应力；(c) 焊缝 C 应力

8.12　小结

针对铝青铜水下湿法激光焊接焊缝中会出现大量气孔缺陷的问题，利用自蔓延焊接的相关理论，自主设计制备了一种水下湿法激光焊接辅助剂。为了考察辅助剂的焊接效果，使用不同组分的辅助剂进行了试验，结果显示四种辅助剂均有良好的效果，气孔缺陷现象得到了很大改善。对各个焊缝截面进行了对比，得出四种组分共同作用时效果最佳，并基于该组分进行了进一步的工艺优化试验，对工艺优化后的焊缝的微观组织结构进行了分析，对焊缝硬度和对接焊拉伸强度做了检测，对焊缝干摩擦磨损行为进行了分析，对焊缝电化学性能进行了检测，得出如下结论。

（1）自主设计了一种激光焊接辅助剂，其主要成分为：氧化铜和铝（CuO+Al）作为高热剂，碳酸钙（$CaCO_3$）作为造气剂，氟化钙和二氧化钛（CaF_2+TiO_2）作为造渣剂。该焊接辅助剂具有自蔓延、自净化、气渣联合保护功能，使用后显著提高焊缝成形质量，焊缝气孔缺陷减少，焊缝气孔率由 50% 降低到 6.73%。

（2）辅助剂有助于提高水下激光焊接水深阈值，使用辅助剂后，在 7mm 水深时仍能得到具有一定熔深的焊缝，水深在 6mm 以下时焊缝内部气孔较少。说明该焊接辅助剂有助于提高焊接水深，增强湿法激光焊接的适用范围；同时，在相同条件下，涂覆焊接辅助剂后焊缝熔深增加。

（3）通过在基板表面涂覆不同厚度的辅助剂进行试验，来考察辅助剂用量对焊缝质量的影响。增加辅助剂厚度使得焊缝熔深略微增加，熔宽减小，深宽比提高提高焊接速度可以有效减少气孔缺陷。当辅助剂厚度为 1.2mm 时，能够获得质量最优的焊缝，焊缝内部气孔率只有 0.5%（面积占比），焊缝质量有了质的提升。此时，焊缝内部均匀性也最好，熔深最为连续、稳定。激光焊接辅助剂的作用机理主要包括放热反应增加热输入、释放气体保护熔池和造渣隔离保护作用。

（4）焊缝中上部主要为等轴晶，上部晶粒细小，中部晶粒尺寸较大，属于内部等轴晶；焊缝底部主要为柱状晶，向周围母材呈发射状生长。焊缝元素组成与基体无较大变化。空气中焊接和水下湿法焊接焊缝主要组织组成物均为 α 相和少量的 K 相，与基体相结构相同，说明激光焊接和使用辅助剂不会引入其他元素，也不会改变合金相的组成结构。

（5）焊缝中铜、铝、铁主要以单质形式存在，各元素均有少量氧化物，氧化物以 Fe_2O_3 为主。焊缝硬度约为 250HV，分布比较均匀；热影响区硬度低于焊缝区域，约为 200HV；基体硬度最低，约为 160HV。最佳工艺条件下的等厚板平板对接焊焊缝拉伸强度大于 550MPa，最低可以达到基体拉伸强度的 91%，断裂性质属于脆性断裂。

（6）干摩擦磨损试验结果显示，最佳工艺条件下得到的湿法焊接焊缝具有优于基体的减磨性和耐磨性，摩擦系数也最为稳定。电化学极化曲线图表明，基体的抗腐蚀性能优于三种焊缝的抗腐蚀性能，三种焊缝的抗腐蚀性能接近，但相对来说空气环境下的焊缝抗腐蚀性能最好，使用辅助剂得到的湿法焊缝次之，不使用辅助剂得到湿法焊缝最差。X 射线法测得湿法焊接焊缝横向残余应力为压应力，焊缝中心区域应力最大，最大值不超过 80MPa；模拟仿真结果显示，焊缝法向应力几乎为零，纵向应力分布不规则，最大不超过 12MPa。

参考文献

[1] 邵丙璜，张凯．爆炸焊接原理及其工程应用[M]．大连：大连工学院出版社，1987.

[2] Hokamoto K，Fujia M，Shimokawa H，et al．A new method for explosive welding of Al/ZrO_2 joint using regulated underwater shock wave[J]．Journal of Materials Processing Technology，1999，85（1/2/3）：175-179.

[3] 李晓杰，孙伟，闫鸿浩，等．水下爆炸焊接与压实[J]．爆炸与冲击，2013，33（1）：103-107.

[4] 孙伟，贾子光，王振宇，等．材料硬度对于水下爆炸焊接界面的影响[J]．焊接学报，2016，37（11）：63-66.

[5] Liang H L，Luo N，Li X J，et al．Joining of $Zr_{60}Ti_{17}Cu_{12}Ni_{11}$ bulk metallic glass and aluminum 1060 by underwater explosive welding method[J]．Journal of Manufacturing Processes，2019（45）：115-122.

[6] 高辉．摩擦叠焊试验装置及焊接工艺研究[D]．北京：北京化工大学，2010.

[7] 崔雷．海洋工程用钢水下等静压摩擦柱塞焊接技术应用基础研究[D]．天津：天津大学，2014.

[8] 周灿丰，焦向东，高辉，等．深水结构物维修摩擦叠焊设备研制[J]．船海工程，2016，45（1）：147-150.

[9] 梁亚军，薛龙，吕涛，等．水下焊接技术及其在我国海洋工程中的应用[J]．金属加工·热加工，2009，4：17-20.

[10] 李春旭．水下湿法焊接接头力学性能研究[D]．哈尔滨：哈尔滨工业大学，2013.

[11] 刘多，刘一搏，周利，等．水下湿法焊接材料的研究进展[J]．焊接，2012

(12)：18-22.

[12] 叶建雄，尹懿，张晨曙．湿法水下焊接及水下焊接机器人技术进展 [J]．焊接技术，2009，38 (6)：1-4.

[13] 吴伦发，王君民，郑晓光．低合金钢用湿法水下焊条的研制及应用 [J]．热加工工艺，2006，35 (11)：65-67.

[14] 郭敬杰，邵军，姚上卫．TS202A 水下焊条的研制 [J]．材料开发与应用，2009，24 (3)：4-7.

[15] 李志刚，张华，贾剑平．水下湿法焊接等离子成分计算 [J]．焊接学报，2009，30 (4)：13-16.

[16] 朱加雷．核电厂检修局部干法自动水下焊接技术研究 [D]．北京：北京化工大学，2010.

[17] 邓彬．连铸堆焊辊的研制与开发[D]．上海：上海海事大学，2006.

[18] 王永年，张磊，赵海兴，等．海岛潮湿环境下海控国际广场钢结构焊接质量控制 [J]．施工技术，2012，41 (373)：54-57.

[19] 罗天宝，朱旭．埋弧焊中氢及其对焊缝质量的影响[J]．现代焊接，2006 (3)：60-62.

[20] 戎立军．胶片上电弧熔化焊缺陷的定位和测高方法[J]．无损检测，2008，30 (6)：49-51.

[21] 赵博，武传松，贾传宝，等．水深和流速对水下湿法焊接热过程影响的数值模拟[J]．焊接，2013，34 (8)：55-58.

[22] 马青军．焊接材料熔敷金属中扩散氢评定系统的研究[D]．北京：机械科学研究总院，2016.

[23] 王厚勤．不同重力水平下电子束焊接熔池行为与熔滴过渡研究[D]．哈尔滨：哈尔滨工业大学，2017.

[24] 张金利，黄华，李庆会，等．水下焊接技术应用现状及发展趋势探讨[J]．企业技术开发，2010，29 (21)：44-46.

[25] Fydrych D，Swierczynska A，Rogalski G. Effect of underwater wet weldingconditions on the diffusible hydrogen content in deposited metal[J]. Metallurgia Italiana, 2015，11/12：47-52.

[26] Silva L F，Santos V R，Paciornik S，et al. Multiscale 3D characterization of dis-

continuities in underwater wet welds[J]. Materials Characterization, 2015 (107): 358-366.

[27] Teran G, Cuamatzi-Melendez R, Albiter A, et al. Characterization of the mechanical properties and structural integrity of T-welded connections repaired by grinding and wet welding[J]. Metarials Science and Engineering A, 2014 (599): 105-115.

[28] Padilla E, Chawla N, Silva L F, et al. Image analysis of cracksin the weld metal of a wet welded steel joint by three dimensional (3D) X-ray microtomography[J]. Materials Characterization, 2013, 83 (3): 139-144.

[29] Ozaki H, Naiman J, Masubuchi K. A study of hydrogen cracking in underwatersteel welds[J]. Welding Research Supplement, 1977, 56 (8): 231s-237s.

[30] Rowe M D, Liu S, Reynolds T J. The effect of Ferro-Alloy additions and depth onthe quality of underwater wet welds[J]. Welding Journal, 2002, 81 (8): 156S-166S.

[31] Guo N, Liu D, Guo W, et al. Effect of Ni on microstructure and mechanical properties of underwater wet welding joint[J]. Materials and Design, 2015 (77): 25-31.

[32] Santos V R, Monteiro M J, Rizzo F C, et al. Development of an oxyrutile electrode for wet welding[J]. Welding Journal, 2012, 91 (2): 319S-328S.

[33] Gooch T G. Properties of underwater welds part 1 procedural trials[J]. Met. Constr., 1983 (3): 164-167.

[34] De Medeiro R C, Liu S A predictive electrochemical model for weld metal hydrogen pickup in underwater wet welds[J]. Journal of Offshore Mechanics and Arctic Engineering, 1998 (120): 243-248.

[35] Fydrych D, Swierczynska A, Rogalski G, et al. Temper bead welding of S420G2+M steel in water environment[J]. Advances in Materials Science, 2016, 50 (4): 5-16.

[36] Zhang H T, Dai X Y, Feng J C, et al. Preliminary investigation on real-time induction heating-assisted underwater wet welding[J]. Welding Journal, 2015, 94 (1): 8s-15s.

[37] Pan C H, Du S M, Li H, et al. Judgement local thermodynamic equilibrium of under-water plasma arc[J]. Chinese Journal of Mechanical Engineering, 1997, 33 (5): 12-16.

[38] Wang G R, Yang Q M. Spectroscopic study in temperature of underwater welding arc[J]. Chinese Journal of Mechanical Engineering, 1997, 33 (2): 93-98.

[39] Li Z G, Zhang H, Jia J P. Plasma component calculation in underwater wet welding[J]. Transactions of the China Welding Institution, 2009, 30 (4): 13-16.

[40] Guo N, Du Y P, Feng J C, et al. Study of underwater wet welding stability using an X-ray transmission method[J]. Journal of Materials Processing Technology, 2015 (225): 133-138.

[41] Xu C S, Guo N, Zhang X, et al. In situ X-ray imaging of melt pool dynamics in-underwater arc welding[J]. Materials and Design, 2019 (179): 1-11.

[42] 朱加雷，焦向东，蒋力培，等. 水下焊接技术的研究与应用现状[J]. 焊接技术，2009，38 (8)：2-3.

[43] Woodward N. Developments in diverless subsea welding[J]. Welding Journal, 2006, 85 (10): 35-39

[44] Richardson I M, Woodward N J, Billingham J. Deepwater welding for installation and repair-A Viable Technology[C]. Japan, Kitakyushu, 2002: 295-392.

[45] CENPES-GKSS Workshop Underwater Technology. Proceedings of the CENPES-GKSS-Workshop on Underwater Technology[C]. UK: Rio de Janeiro, 1987.

[46] Ausr E D, Santos J F, Bohm K H, et al. Mechanized Hyperbaric Welding by Robets[M]. Bergen: GKSS-Fors-chungszentrum, 1988.

[47] 朱加雷，余建荣，焦向东，等. 水下焊接技术研究和应用的进展[J]. 焊接技术，2005，34 (4)：6-8.

[48] 邵珠晶，程方杰，张帅，等. 局部干法水下焊接电弧预热技术[J]. 焊接学报，2018，39 (11)：124-128.

[49] Hamasaki M, Sakakibara J, Arata Y. Underwater MIG welding-high pressure chamber experiments[J]. Metal construction news, 1976, 8 (3): 108-112.

[50] Fu Y L, Guo N, Zhu B H, et al. Microstructure and properties of underwater laser welding of TC4 titanium alloy[J]. Journal of Materials Processing Technology, 2020 (275): 116372.

[51] Han L G, Wu X M, Cen G D, et al. Local dry underwater welding of 304 stainless steel based on a microdrain cover[J]. Journal of Materials Processing Technology,

2019 (268): 47-53.

[52] Fydrych D, Rogalski G. Effect of underwater local cavity welding method conditions on diffusible hydrogen content in deposited metal[J]. Welding International, 2013, 27 (3): 196-202.

[53] Sepold G, Teske K. Results of underwater welding with high power CO_2 lasers[C]. International Congress on the Application of Lasers and Electro-Optics (ICALEO) 38, USA: Atlanta, 1983.

[54] Shannon G, Watson J, Deans W. Investigation into the underwater laser welding of steel[J]. Journal of Laser Applications, 1994, 6 (4): 223-229.

[55] Shannon G, Mcnaught W, Deans W, et al. High power laser welding in hyperbaric gas and water environments[J]. Journal of Laser Applications, 1997, 9 (3): 129-136.

[56] Tamura M, Kawano S, Kouno W, et al. Development of Underwater Laser Cladding and Underwater Laser Seal Welding Techniques for Reactor Components (Ⅱ) [C]. 14th International Conference on Nuclear Engineering, 2006: 491-494.

[57] Hino T, Tamura M, Tanaka Y, et al. Development of underwater laser cladding and underwater laser seal welding techniques for reactor components[J]. Journal of Power and Energy Systems, 2009, 3 (1): 51-59.

[58] Sano Y, Mukai N, Makino Y, et al. Enhancement of surface properties of metal materials by underwater laser processing[J]. The Review of Laser Engineering, 2008, 36 (APLS): 1195-1198.

[59] Zhang X D, Chen W Z, Eiji Ashida, et al. Laser-material interaction and process sensing in underwater Nd: yttrium-aluminum-garnet laser welding[J]. Journal of Laser Applications, 2003, 15 (4): 279-284.

[60] Zhang X D, Eiji Ashida, Susumu Shono, et al. Effect of shielding conditions of local dry cavity on weld quality in underwater Nd: YAG laser welding[J]. Journal of Materials Processing Technology, 2006 (176): 34-41.

[61] Guo N, Xing X, Zhao H Y, et al. Effect of water depth on weld quality and welding process in underwater fiber laser welding[J]. Materials & Design, 2017 (115): 112-120.

[62] Huang Z Y, Luo Z, Ao S, et al. Underwater laser weld bowing distortion behavior

and mechanism of thin 304 stainless steel plates[J]. Optics and Laser Technology, 2018 (106): 123-135.

[63] Feng X R, Cui X, Zheng W, et al. Performance of underwater laser cladded nickel aluminum bronze by applying zinc protective coating and titanium additives[J]. Journal of Materials Processing Technology, 2019 (266): 544-550.

[64] Feng X R, Cui X, Jin G, et al. Underwater laser cladding in full wet surroundings for fabrication of nickel aluminum bronze coatings[J]. Surface & Coatings Technology, 2018 (333): 104-114.

[65] Feng X R, Cui X, Zheng W, et al. Effect of the protective materials and water on the repairing quality of nickel aluminum bronze during underwater wet laser repairing[J]. Optics and Laser Technology, 2019 (114): 140-145.

[66] Feng X R, Zhang Z, Cui X, Jin G, Zheng W, et al. Additive manufactured closed-cell aluminum alloy foams via laser melting deposition process[J]. Materials Letters, 2018 (233): 126-129.

[67] Luo M, Hu R Z, Li Q D, et al. Physical understanding of keyhole and weld pool dynamics in laser welding under different water pressure[J]. International Journal of Heat and Mass Transfer, 2019 (137): 328-336.

[68] Zgurevic S M, Zamokov V N, Kushirenko N A. Improving the Penetration of Titanium Alloys When They are Welded by Tungsten Arc Process[J]. Automatic Welding, 1965, 18 (9): 1-5.

[69] Nayee S G, Badheka V J. Effect of oxide based fluxes on mechanical and metallurgical properties of dissimilar activating flux assisted tungsten inert gas welds[J]. Journal of Manufacturing Processes, 2014 (16): 137-143.

[70] Li D J, Lu S P, Li D Z, et al. Principles giving high penetration under the double shielded TIG process[J]. Journal of Materials Science & Technology, 2014, 30 (2): 172-178.

[71] Simonik A G. The Effect of Contraction of the Arc Discharge upon the Introduction of the Electro-negative Elements[J]. Welding Production, 1976 (3): 49-51.

[72] Howse D S, Lucas W. Investigation into Arc Constriction by Active Fluxes for Tungsten Inert Gas Welding[J]. Science and Technology of Welding and Joining, 2000,

5 (3): 189-193.

[73] Lowke J J, Tanaka M, Ushio M. Insulation Effects of Flux Layer in Producing Greater Weld Depth[C]. International Institute of Welding Congress, Japan Osaka, 2004, 212-1053-04.

[74] 杨春利，牛尾诚夫，田中学. TIG电弧活性化焊接现象和机理研究——活性化TIG焊接中的电弧现象[J]. 焊接，2000 (5): 15-18.

[75] 杜贤昌，郭淑兰，董文，等. AZ31B镁合金A-TIG单一活性剂的设计与研究[J]. 热加工工艺，2014，43 (9): 175-178.

[76] Heiple C R, Roper J R. Effect of Selenium on GTA Fusion Zone Geometry[J]. Welding Journal, 1981 (8): 143-145.

[77] Tanaka M, Ushio M. Approach to Understanding of TIG Welding with Activating Flux[J]. Transactions of JWRI, 2000, 29 (2): 41-49.

[78] Dong C, Katayama S. Basic Understanding of A-TIG Welding Process[C]. International Institute of Welding Congress, Japan Osaka, 2004, Ⅻ-1802-04.

[79] 魏艳红，徐艳利，孙燕洁，等. A-TIG焊接熔深增加机理[J]. 焊接学报，2009，30 (2): 37-40.

[80] Ma L, Hu S S, Hu B, et al. Activating Flux Design for Laser Welding of Ferritic Stainless Steel[J]. Transactions of Tianjin University, 2014, 20 (6): 429-434.

[81] 梅丽芳，王峥慧，严东兵，等. 活性剂对不锈钢激光焊接性能的影响[J]. 应用激光，2017，37 (3): 373-378.

[82] Kaul R, Ganesh P, Singh N, et al. Effect of active flux addition on laser welding of austenitic stainless steel[J]. Science and Technology of Welding and Joining, 2017, 12 (2): 127-137.

[83] Kuo M, Sun Z, Pan D. Laser Welding with Activating Flux [J]. Science and Technology of Welding and Joining, 2001, 6 (1): 17-22.

[84] 王俊伟. 钛合金涂覆稀土活性剂激光焊接接头组织与性能研究[D]. 呼和浩特：内蒙古工业大学，2018.

[85] 张成禹. 活性激光焊接等离子体及熔池形态分析[D]. 哈尔滨：哈尔滨理工大学，2017.

[86] Morsi K. The diversity of combustion synthesis processing: a review[J]. Journal

of Materials Scimce, 2012, 47 (1): 68-92.

[87] Lee J H, Nersisyan H H, Won C W. The combustion synthesis of iron group metal fine powders[J]. Journal of Solid State Chemistry, 2004, 177 (1): 251-256.

[88] Nersisyan H H, Won H I, Won C W, et al. Combustion synthesis of nanostructured tungsten and its morphological study [J]. Powder Technology, 2009, 189 (3): 422-425.

[89] Nersisyan H H, Lee J H, Won C W. A study of tungsten nanopowder formation by self-propagating high-temperature synthesis [J]. Combustion and Flame, 2005 (42): 241-248.

[90] 曹健. TiAl与TiC金属陶瓷自蔓延反应辅助扩散连接机理研究[D]. 哈尔滨: 哈尔滨工业大学, 2007.

[91] 袁轩一. 一种新型热剂焊接方法及其应用研究[D]. 北京: 清华大学, 2011.

[92] Liu G H, Li J T, Chen K X. Review of melt casting of dense ceramics andglasses by high gravity combustion synthesis [J]. Advances in Applied Ceramics, 2013, 112 (3): 109-124.

[93] 江垚. Ti-Al金属间化合物多孔材料的研究[D]. 长沙: 中南大学, 2008.

[94] 范金虎. 基于自蔓延反应连接的Cu-Cu低温键合技术研究[D]. 武汉: 华中科技大学, 2018.

[95] Feng G J, Li Z R, Feng S C, et al. Microstructure evolution and formation mechanism of laser-ignited SHS joining between Cf/Al composites and TiAl alloys with Ni-Al-Ti interlayer[J]. Rare Metals, 2017, 36 (9): 746-752.

[96] 周健, 刘双宇, 张福隆. 激光自蔓延连接CFRTP-铝接头微观形貌及形成机理[J]. 激光技术, 2019, 43 (2): 147-153.

[97] 李刚, 许新颖, 葛少成. 激光自蔓延烧结Fe-Al合金及其成型过程温度场数值模拟[J]. 稀有金属材料与工程, 2016, 45 (11): 2873-2877.

[98] 江梦慈. 激光自蔓延烧结法合成上转换荧光材料的研究[D]. 上海: 华东师范大学, 2019.

[99] Beyer E, Behler K, Herziger G. Plasma absorption effects in welding with CO_2 lasers[J]. Proceedings of SPIE - The International Society for Optical Engineering, 1989: 1020.

[100] 虞钢，何秀丽，李少霞．激光先进制造技术及其应用［M］．北京，国防工业出版社，2016.

[101] Sandor T，Mekler C，Dobranszky J. An improved theoretical model for A-TIG welding based on surface phase transition and reversed marangoni flow[J]. Materials Society and ASM International，2012，1 (44)：351-361.

[102] Parshin S G，Parshin S S，Burkner G. Effect of ultra fine particles of activating fluxes on the laser welding process[J]. Welding international，2011，25 (7)：545-549.

[103] Fydrych D，Rogals G. Effect of shielded-electrode wet welding conditions on difhsion hydrogen content in deposited metal[J]. Welding International，2011，25 (3)：166-171.

[104] 石永华．基于视觉传感的药芯焊丝水下焊接焊缝自动跟踪系统[D]．广州：华南理工大学，2001.

[105] Gao W B，Wang D P，Cheng F J，et al. Enhancement of the fatigue strength of underwater wet welds by grinding and ultrasonic impact treatment[J]. Journal of Materials Processing Technology，2015 (223)：305-312.

[106] 罗燕．负压激光焊接过程蒸气羽烟及熔池行为研究[D]．上海：上海交通大学，2015.

[107] 袁庆龙，管红艳，张宝庆．铝青铜合金研究进展[J]．材料导报，2011，25 (23)：127-132.

[108] 徐建林，王智平．铝青铜合金的研究与应用进展[J]．有色金属，2004 (4)：51-55.

[109] 姚杞．不锈钢水下激光焊接研究[D]．天津：天津大学，2014.

[110] 卡尔·L. 约斯. Matheson 气体数据手册[M]．北京：化学工业出版社，2003：923-927.

[111] Zhang T，Wu C S，Feng Y H. Numerical analysis of heat transfer and fluid flow in keyhole plasma arc welding[J]. Numerical Heat Transfer Part A，2011，60 (8)：685-698.

[112] Goldak J，Chakravarti A，Bibby M. A new finite element model for welding heat sources[J]. Metallurgical and Materials Transactions B，1984，15 (2)：299-305.

[113] 胥国祥，武传松，秦国梁，等. 激光+GMAW 复合热源焊焊缝成形的数值模拟——Ⅰ. 表征激光作用的体积热源分布模式[J]. 金属学报，2008，44（4）：478-482.

[114] Semak V，Matsunawa A. The role of recoil pressure in energy balance during laser materials processing [J]. Journal of Physics D：Applied Physics，1998，30（18）：25-41.

[115] Zhang T，Wu C S，Feng Y H. Numerical Analysis of Heat Transfer and Fluid Flow in Keyhole Plasma Arc Welding[J]. Numerical Heat Transfer Applications，2011，60（8）：685-698.

[116] 武传松. 焊接热过程与熔池形态[J]. 制造技术与机床，2008（12）：120-126

[117] 刘延辉. Ti6Al4V 钛合金表面激光熔覆镍基复合涂层及增强机理研究[D]. 上海：华东理工大学，2015.

[118] 陆建. 激光与材料相互作用物理学[M]. 北京：机械工业出版社，1996.

[119] Chen F F，林光海. 等离子体物理学导论[M]. 北京：人民教育出版社，1980.

[120] Itikawa Y. Cross sections for electron collisions with carbon dioxide[J]. Journal of Physical and Chemical Reference Data，2002，31（3）：749-767.

[121] Goncharov A F，Goldman N，Fried L E，et al. Dynamic ionization of water under extreme conditions[J]. Physical review letters，2005，94（12）：125508.

[122] Gretskii Y Y，Maksimov S Y. Influence of marble in rutile electrode coating on hydrogen content in weld metal in underwater welding[J]. Avtomaticheskaya Svarka，1993，7：51.

[123] 韩凤起，李志尊，孙立明，等. 水下湿法手工自蔓延焊接技术[J]. 焊接学报，2019，40（07）：149-155.

[124] 尹玉军，潘传增，苏珊. 水下自蔓延焊接技术[J]. 焊接学报，2014，35（10）：21-24.

[125] 辛文彤，马世宁，李志尊，等. 焊后热处理对手工自蔓延焊接接头组织性能的影响[J]. 焊接学报，2009，30（06）：83-86.

[126] 欧阳的华，潘功配，关华，等. 烟火药水下燃烧气泡的试验研究[J]. 试验力学，2009，24（04）：347-352.

[127] 周自强，田智明，王宁珠. 二元 Cu 合金的光反射率与光阻尼系数[J]. 材料

科学进展，1989（06）：500-504.

[128] Svelto O，Hanna D C. Principles of lasers[M]. Springer，1998.

[129] 赵莹，冯爱新，杨海华，等. 激光织构工艺对铜表面红外激光吸收率的影响[J]. 表面技术，2018，47（09）：57-64.